京大研究でわかる
サステナビリティ

京都大学 生存圏研究所 著

Ohmsha

本書に掲載されている会社名・製品名は、一般に各社の登録商標または商標です。

本書を発行するにあたって、内容に誤りのないようできる限りの注意を払いましたが、本書の内容を適用した結果生じたこと、また、適用できなかった結果について、著者、出版社とも一切の責任を負いませんのでご了承ください。

　本書は、「著作権法」によって、著作権等の権利が保護されている著作物です。本書の複製権・翻訳権・上映権・譲渡権・公衆送信権（送信可能化権を含む）は著作権者が保有しています。本書の全部または一部につき、無断で転載、複写複製、電子的装置への入力等をされると、著作権等の権利侵害となる場合があります。また、代行業者等の第三者によるスキャンやデジタル化は、たとえ個人や家庭内での利用であっても著作権法上認められておりませんので、ご注意ください。
　本書の無断複写は、著作権法上の制限事項を除き、禁じられています。本書の複写複製を希望される場合は、そのつど事前に下記へ連絡して許諾を得てください。

出版者著作権管理機構
（電話 03-5244-5088，FAX 03-5244-5089，e-mail：info@jcopy.or.jp）

JCOPY ＜出版者著作権管理機構 委託出版物＞

目　次

7　■「サステナビリティ」を理解するために

1 未来の生活を支える新しい材料・エネルギー
15

16　未来のクルマは植物からつくる

24　バイオマスとつくる循環型未来社会

31　植物バイオマスを材料として使い続けるための接着技術

39　電子レンジでカンタン、化学反応？

46　微生物の手も借りたい！植物成分の新たな生産者

53　Column Ⅰ　私の研究道具―シロアリ

55　Column Ⅱ　私の研究道具―顕微鏡

57 2 空（そら）から宙（そら）まで広がる サステナブルな空間

- 58　レーダーの開発と天気予報の精度向上
- 65　「宙」と「空」の境い目
- 72　宇宙空間とは、どんなところ？
- 79　月での暮らし、地球の暮らしと何が違う？
- 85　ミライの電気は宇宙からやって来る!?
- 92　宇宙で木を育てる
- 99　　Column Ⅲ　私の研究道具―MU レーダー

101　3 環境変動や災害に適応できる社会を目指して

- 102　土に空を接ぐ植物の話
- 109　微生物コミュニティのパワーを農業に活かす
- 117　大好きな食べ物と熱帯林と地球温暖化の知られざる関係？
- 124　地震に強い木の家
- 131　小さい泡の不思議な力
- 138　環境微生物の利用―環境汚染の修復を目指して

- 146　**ColumnⅣ**　私の研究道具―金型
- 148　**ColumnⅤ**　私の研究道具―木材強度試験
- 150　**ColumnⅥ**　私たちの研究道具―世界に広がる研究者コミュニティ

4 いにしえに学ぶサステナビリティ

- 151　**4 いにしえに学ぶサステナビリティ**
- 152　人と木とのつながりを未来へ伝える
- 161　日本の伝統文化と植物科学を結ぶ「紫」の糸
- 168　木炭―古くて新しい材料のヒミツ
- 174　オーロラの記録をさかのぼり、宇宙環境の未来を予測する
- 181　木材が過ごした時間を科学で解き明かす
- 189　木から森を見て、楽器の音色を未来につなぐ
- 197　■ミライを拓くサステナビリティ学

「サステナビリティ」を
理解するために

サステナビリティ（持続可能性）と
サステナブル・ディベロップメント（持続可能な開発）

「サステナビリティ（Sustainability）」を日本語に訳すと、「持続可能性」となることにはさほど違和感がないように思えます。それでは、「持続可能な開発（Sustainable Development）」というと、何を想像するでしょうか。持続可能性（サステナビリティ）とも関係しそうであるし、「開発（Development）」という言葉が加わっているので、少し意味合いが違うとも受け取れます。なかなか理解しにくい言葉ですね。

もう１つの言葉を紹介したいと思います。「三方よし」です[1]。昔の近江商人の行動規範として有名な言葉で、「売り手よし、買い手よし、世間よし」とも言われます。商取引には売り手と買い手がいて、満足できる商品を正当な価格で取引します。良い取引は、いわゆるウィン＝ウィン（win-win）の関係をつくり出します。しかし、三方よしの考えでは、「売り手と買い手だけではなくて、同時に世間も満足させる必要があるよ」といっています。近江商人がこの規範を唱えた理由は、彼らがビジネスを持続的、あるいは長期的に発展させたいという目的があったからでしょう。実際、近江商人を源流とする大きな会社が現代にも残っています。

7

本書では、京都大学にいくつかある附置研究所の1つである生存圏研究所で行われている最新の研究成果の紹介を通じて、サステナビリティの本質が、三方よしに近いものであることを示します。持続可能な発展という言葉で語られる人類のあるべき姿には、一足飛びの近道では到達しえないことは明らかです。到達に向けた道の途中で生じる様々な事象の良し悪しを「できる、できない」と短期的に評価するだけではなく、環境や資源量といった追加的な要素を考慮に含めて総合的に評価すべきです。そうした態度や姿勢が長期的な成功へとつながるはずです。サステナビリティという新しい概念が、三方よしという古い言葉と響きあうことからわかるように、私たちの社会は、昔から総合的なバランスある評価が重要という意識を持っていたのです。

　さて、話を三方よしの時代から現代へと戻しましょう。2015年、国連の総会で「持続可能な開発目標（Sustainable Development Goals：SDGs）」が採択されました。これは2015年から2030年までの期間を対象として、「持続可能な開発」のための目標を規定したものです。詳しくは知らないけれど、SDGsのロゴマークはどこかで見たことがあるという人は多いはずです。「Development（開発）」という言葉がついていることが肝心です。地球レベルの環境問題、例えば、オゾン層の破壊、地球温暖化、熱帯林の破壊や生物多様性の喪失などの様々な問題を解決するためには、「日常の生活のなかで排出しているゴミに含まれる有害物質を減らせばよいだろう」、「消費を我慢すればよいだろう」などと考える人は、この本を手に取ってくださっているみなさんのなかにも少なくないことでしょう。しかし、努力や我慢を積み重ねるだけでうまくいくでしょうか。例えば「有害物質を排出することを減らしつつ、同時に、経済の成長をともなえる」となると、多くの人の利害が一致して理想的な到達点を見出せるかもしれません。そうした新しい成長のためには「開発」が必要というわけです。

では、何をどうやって開発するのでしょうか。どこか世界の 1 国だけ
が頑張って地球規模の変化を起こそうとしてもらちがあきません。日本
の外務省の Web サイトでは、この持続可能な開発目標（SDGs）につい
て、環境と開発に関する世界委員会（委員長：ブルントラント・ノルウ
ェー首相（当時））が 1987 年に公表した報告書「Our Common Future」
の中心的な考え方として取り上げた概念で、「「将来の世代の欲求を満た
しつつ、現在の世代の欲求も満足させるような開発」のことを言う。こ
の概念は、環境と開発を互いに反するものではなく共存し得るものとし
てとらえ、環境保全を考慮した節度ある開発が重要であるという考えに
立つものである。」としています。「カーボンニュートラル」や「グリーン
トランスフォーメーション（GX）」も SDGs から派生した政策といえま
す。

　そのようななか、人類が生存できる安全な活動領域とその限界点を定
義するプラネタリーバウンダリー（Planetary Boundaries）という概
念が出てきます [2]‐[4]。人類の活動に関係する、海、水、土地、大気、
人間以外の動植物を含む生態、さらに最近では宇宙にまで活動領域を広
げる可能性もあり、これらの活動領域における危険度を定量的に同定し
ていこうとする流れです。水不足、伝染病、気候変動、自然発生的また
は人為的災害、急速な都市化、付随する紛争など、多くの持続的で複雑
な課題が、グローバル社会の存続と完全性を脅かしているとなると、そ
れまで以上に科学技術への期待が高まるのは自然なことかもしれません
（**図 1**）。

持続可能性科学（Sustainability Science）の登場

　地球の生命維持システムを維持しながら、人間の基本的なニーズを満
たすことが持続可能な開発の本質であるとする考え方は、1980 年代初
頭に自然と社会との関係についての科学的観点から生まれたものである

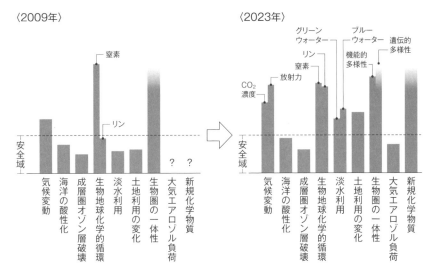

棒グラフの高さは各指標の推定値。最初に提案された2009年には3つの指標（気候変動、窒素循環、生物圏の一体性）がすでに安全域から超過していたが、最新の2023年には6つの指標にまで超過が拡大している [2]-[4]

図1　9つの地球システムに関する安全指標の変遷

とされます[5]。**図2**に示すように、初めて持続可能性科学という概念が提示された際に、同分野の発展に必要な3つの道筋：第一に、先進国側（北半球）と開発途上国側（南半球）を問わず、科学として重要な問題、適切な方法論、制度的なニーズについて広く議論すること、第二に、科学は持続可能な開発のためのグローバルな政治的動向に関連すること、第三に（最も重要なこととして）、自然と社会の相互作用の特性を理解し、それらを持続可能な軌道に導くために社会的な動きとして促進することが示されました[5]。人間の体に例えると、どのような病気にかかっているのかを診断するのと同時に、もとの健康状態に戻るための治療までを行うことが持続可能性科学であるといっているわけです。ちなみに、2006年に創刊した国際学術誌『Sustainability Science』（Springer社）の立ち上げに日本人研究者の貢献が大きいことも書き加えておきます[6]。

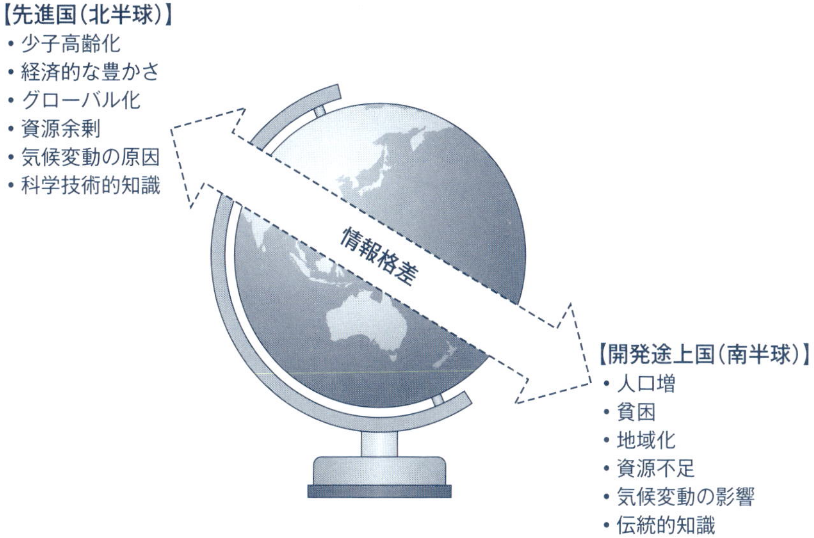

【先進国（北半球）】
- 少子高齢化
- 経済的な豊かさ
- グローバル化
- 資源余剰
- 気候変動の原因
- 科学技術的知識

情報格差

【開発途上国（南半球）】
- 人口増
- 貧困
- 地域化
- 資源不足
- 気候変動の影響
- 伝統的知識

図2　「持続可能性科学（Sustainability Science）」が提案された当時の時代背景

　このような持続可能性科学が目指す崇高な理念の反面、図1の9つの指標に関係する課題に取り組み（診断）、解決策を開発する（治療）ためには、科学への期待が高まっているとはいえ、科学者だけではなく、いわゆる文系分野（人文・社会学）といった異なる学問分野や、さらに学問以外の企業、政府、市民社会といった利害関係者たちとの協力が不可欠となるわけです。

▍持続可能性科学と学際性

　サステナビリティとは、複数の要素を考慮しうまく調和させていく考えであると説明してきました。それゆえ、サステナビリティを研究するということは、既存の様々な学問分野が互いに協力し合い、そのうえに新しい概念を組み立てていく活動であるといえます。このような研究を「学際研究」、またその特性を「学際性」と呼びます。学際研究の重要性そのものは、ヨーロッパを中心に古くから認識されています[7]‐[9]。

11

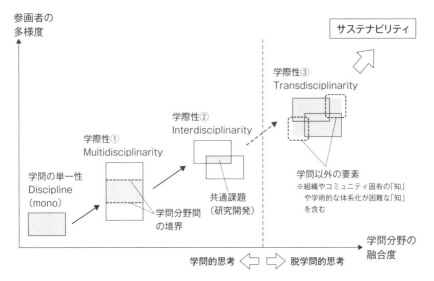

図3 学問分野と種々の学際性との関係を示す概念図

　学際性の概念を図示したものが**図3**です。大きな大学では、多数の学問分野が学部、学科、研究室といった組織で分割され、専門家が並列配置されています。これは図3の学際性①マルチ・ディシプリナリティ（Multidisciplinarity）の状態です。学問分野間の交流はあまり盛んではありません。次に、学際性②インター・ディシプリナリティ（Interdisciplinarity）は、複数の学問分野が共通の対象に対して協力的かつ統合的にクロスオーバーしていき、新たな知識を生み出す状態を指します。一般的な学際研究は、この分類にあたるものがほとんどです。図3には、学問分野の融合と参加者の多様性がさらに進んだ、学際性③トランス・ディシプリナリティ（Transdisciplinarity）が描かれています。これは複数の学問分野の融合が、それぞれの分野の垣根を越えてはみ出してしまったような状況です。融合度がここまで高まると、例えば、自然科学以外に人文・社会科学をも含む多様な学問分野の枠を越えた対話のみならず、学術以外の知識をも取り込んだ統合的な知識が構築されていきます。これは、サステナビリティ（持続可能性）の研究が問題点

の抽出を超えて、解決を含むものになるときの状況に近いのではないか
と考えられます。ただし、このような水準までの学際性を達成すること
は、容易ではありません。

本書について

　この本は、サステナビリティを科学している世界最先端の研究機関が
京都大学にあること、そして、そこではユニークな研究成果が日々出さ
れつつあることを広く知っていただくことを目的としています。京都大
学 生存圏研究所は 2004 年に設立されました [10]。古典的な視点で学
問分野を分けると、木質科学、植物科学、大気科学、宇宙科学、電波科
学などの幅広い分野の研究者がスクラムを組んで研究を行っています。
設立当時、多彩な研究分野を包含する新しい研究所のコンセプトと名称
が深く議論されました。その結果、人類の生存空間を「生存圏」と名づけ、
環境やエネルギーの問題などの現状を診断して解決に導く新しい学問と
して「生存圏科学」を定義し、それを推進する研究所として発足しました。
既存の学問を基盤として、生存圏科学という新しい研究領域を萌芽さ
せたのです。いま振り返ってみると、2004 年当時は、サステナビリ
ティが学問的に探究され始めた時期とほぼ重なっており [6] など、かつ、
国連が SDGs を採択するより約 10 年も先駆けていたことになります。

　産声をあげてから約 20 年、生存圏科学のいまはどうなのか、エネル
ギーや環境といった諸問題の解決に向けてどのような貢献が期待できる
のか、本書では、これまでの研究成果や最新の現状を様々な角度から解
説しています。また、研究を進めるうえでの困難さや解決すべき問題点
についても冷静に分析され、適切に言及されています。この本を通じて、
生存圏科学の考え方や重要性を多くの方々に知っていただくことができ
ると信じています。

13

[参考文献]

[1] 三方よしとは？意味・語源や使い方、経営理念に取り入れた企業例　https://www.m-keiei.jp/musashinocolumn/sanbouyoshi

[2] Planetary boundaries, Stockholm Resilience Centre, Stockholm University https://www.stockholmresilience.org/research/planetary-boundaries.html

[3] J. Rockström et al. : A safe operating space for humanity, Nature Vol.461, 2009

[4] K. Richardson et al. : Earth beyond six of nine planetary boundaries, Science Advances Vol.9, 2023

[5] R. W. Kates et al. : Sustainability Science, Science Vol.292, 2001

[6] H. Komiyama and K. Takeuchi : Sustainability science : building a new discipline, Sustainability Science Vol.1, 2006

[7] Interdisciplinarity : Problems of Teaching and Research in Universities, OECD, Paris, 1972

[8] R. J. Lawrence and C. Despres : Futures of Transdisciplinarity, Futures 36, 2004

[9] T. Ramadier : Transdisciplinarity and its challenges : the case of urban studies, Futures 36, 2004

[10] 京都大学 生存圏研究所　https://www.rish.kyoto-u.ac.jp/

生存圏研究所 所長　山本　衛

生存圏未来開拓研究センター長　桑島　修一郎

1

未来の生活を支える新しい材料・エネルギー

未来のクルマは植物からつくる

大気中の二酸化炭素は植物に吸ってもらおう

　観測史上、何十年に一度という大型台風に毎年のように日本列島が襲われたり、今年の夏は昨年以上に暑くなるというニュースを聞くたびに、地球の温暖化を身近な問題として感じます。

　地球温暖化の原因物質の1つは、人間が排出する二酸化炭素（CO_2）です。といっても、呼吸で吐き出すCO_2ではありません。火力発電所で石炭が燃やされて出てくるCO_2、自動車がガソリンを燃やして走るときに排出されるCO_2など、人間の経済活動の中で出てくるCO_2です。

　いま、21世紀の人類生存をかけて、人為的活動で排出されるCO_2を減らす取り組みや、そのための研究が世界中で行われています。火力発電から風力発電や太陽光発電への切り替え、家屋の断熱化、AIを駆使した効率的なエネルギー利用などなど。それでも排出するCO_2をゼロにすることはできません。何か積極的にCO_2を吸収する工夫が必要です。そのための技術を「ネガティブエミッション技術」といいます。例えば、大気中のCO_2を捕集して地中に埋めたり、海洋に溶かし込むCCS（Carbon dioxide Capture and Storage）という技術、あるいは、そのCO_2で海草を育てるという技術です。

　これらのCCS技術と並行して注目されるのが、森林によるCO_2の吸収です。植物は光合成によって大気中のCO_2を吸収、固定しています。なかでも固定量が大きいのは、3次元的に大きく育つ植物、樹木です。樹木によ

っては 100m 近い高さにまで成長するものもあります。30 階建てのビルに近い高さです。その樹木を人の手で育てているのが人工林です。日本は国土の 7 割近くが森林におおわれている森林国ですが、その約 7 割が人工林です。

植物が吸った二酸化炭素を使おう

　森林による CO_2 の吸収が、地中に埋めたり、海洋に溶かし込む技術と大きく異なるのは、樹木によって固定した CO_2 を木材として利用できるということです。埋めたり溶かしたりした CO_2 は、生活のなかで利用することはできませんが、木材は違います。森林が地球温暖化を防ぐ存在として注目されるはるか昔から、私たちは木材を住居の材料や楽器、家具の材料として使ってきました。あまりに身近すぎて気がつかないのですが、木材や紙は大気中にあった CO_2 の塊です。

　カーボンニュートラル 2050 を目標に、CCS 技術などで捕集した CO_2 を利用して工業原料やプラスチックをつくろうとする研究が行われていますが、それらが 2050 年の時点で大々的に産業化されていることは難しいと思えます。技術が確立されたとしても関連するインフラが整うまでに時間がかかるからです。このように考えると、2050 年において大気中の CO_2 を吸収し、材料として利用するネガティブエミッション技術は、植林から始まる木材の利用以外にはないように思われます。

　木を使うことは森林破壊、環境破壊につながるといわれていた時期がありますが、少なくとも日本ではそのようなことはありません。日本は建築材料や紙の原料として、スギやヒノキ、マツを使っているのですが、それにもかかわらず、毎年 8,000 万 m^3 もの木材が人工林で増え続けている国です。

　樹木が CO_2 を固定してくれているので、人工林で木材蓄積量が増えていることは、大気中の CO_2 の削減のために良いと考えられますが、実際は不都合な事実があります。樹木は光合成で CO_2 を吸収する一方で、人間と同じように呼吸で CO_2 を排出します。若いうちは CO_2 を出すより、吸う方が大きいのですが、歳をとるにつれてその差が小さくなっていきます。人間と

17

同じで、若いうちはたくさん食べてどんどん大きくなるのですが、ある程度の歳になるとあまり食べなくなります。一方で、大きくなると呼吸によるCO_2の排出は増えていきます。不都合な事実というのは、日本の人工林では植えてから60年、70年といった樹木が相対的に増え、日本全体で見ると、森林によるCO_2の吸収量が毎年減っていることです。歳をとった太い樹木を伐採し、その後に若い元気な苗を植えて、森全体としてCO_2の吸収量を増やしたいのですが、実際には人工林の老齢化が進んでいます。

　なぜ、大きくなっても使われずに山に置かれているのでしょうか。それは、人手を入れて行ってきた長年の管理費用や伐採して山から下ろす費用を考えると、建築や家具用の材料、紙の原料として売ったのでは経済的に割が合わないからです。CO_2を吸収して温暖化を防ぐ森林の機能も含めた価値が木材の価格に付加されるとともに、従来の木材利用にない新たな用途の開発が必要です。

　人間の経済活動を持続しながら、元気で若い人工林により地球温暖化を防ぐために、筆者たちは木材、木質バイオマスの新たな利用方法として、木材から取り出したナノの繊維（セルロースナノファイバー）に着目し、その製造と利用について研究をしています。その成果の1つとして、セルロースナノファイバーでクルマをつくり、従来のクルマと比較して16％軽量化では11％、走行時のCO_2の排出を減らせることを示しました。大気中のCO_2を吸収、固定した木材から、走行時のCO_2の排出を減らせるクルマをつくれることを示したのです。このネガティブエミッション技術は、減らした大気中のCO_2で付加価値のある材料、ものをつくることができる点で、まさに持続的な社会の基盤となる一石二鳥の技術です。このナノ繊維について、以下に説明します。

　木材をはじめとして、植物バイオマスは細胞からできています。細胞には細胞壁という壁があります。その壁は幅3～4nm（ナノメートル）の細い繊維が束になった幅20nmの繊維からできています。3～4nmあるいは20nmの繊維をセルロースナノファイバー（Cellulose Nano Fiber：

CNF、学術的にはセルロースミクロフィブリル）と呼びます。木材やタケでは細胞壁の半分が CNF です（**図1**）。

　CNF はセルロースの分子鎖が伸びた状態で結晶化してできています。このため、軽さは鋼鉄の 1/5 ですが、強度が自動車のボンネットやドアに使われる鋼鉄の5倍以上もあります。大型飛行機の翼（つばさ）に使われている炭素繊維

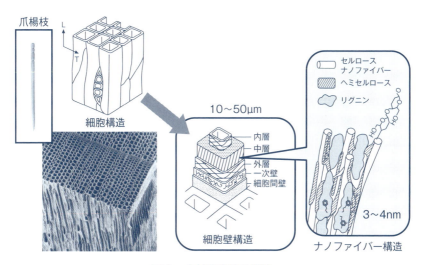

図1　木材細胞壁の構造

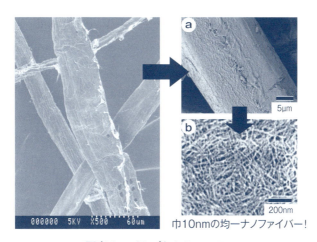

写真1　パルプとセルロース

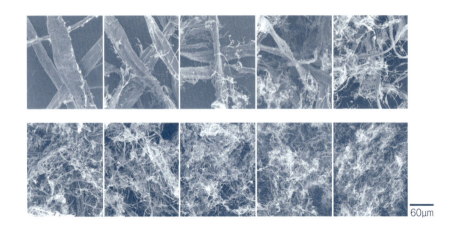

写真2　パルプのナノ解繊

やテニスラケットのフレームに使われるアラミド繊維とほぼ同じ強度です。

　木材からCNFを取り出すには、まず木材を高温のアルカリ液で圧力をかけて煮て、リグニンやヘミセルロースを溶かします。こうしてつくられる幅10～30μm（マイクロメートル）の細胞単位の繊維がパルプと呼ばれる材料です（**写真1**）。パルプはとても身近な素材で、それをシート化したものが紙です。CNFは、逆にそのパルプを石臼のような機械で擦ったり高速でぶつけたりして解して、ナノ繊維にしていきます（**写真2**）。

未来のクルマは裏山でつくる？

　当研究室は、2000年からCNFを様々な方法で加工して多彩な材料をつくる技術の開発を進め、2019年には、それらをドアやボンネットといった部材に加工して実走するクルマをつくりました。ナノのセルロース繊維でつくっているので、ナノセルロースヴィークル（NCV）と名づけました（**写真3**）。

　CNFだけを固めると鋼鉄と同じ強度の板になります。並行してハチの巣のような構造を薄いCNFシートでつくり、それをCNFの板と板の間に挟んでつくった材料が「ハニカム構造CNF」です。軽くて曲がりにくい材料に

出典：環境省ホームページ、セルロースナノファイバー（CNF：Cellulose Nano Fiber）

写真3　ナノセルロースヴィークル

なります。これを NCV のボンネットに使いました。

　とても細い CNF は、光（可視光）を散乱しません。この性質を活かして CNF だけで薄いシートをつくると透明なシートになります。このシートと衝撃特性にすぐれたポリカーボネートという透明樹脂のシートを積層することで、割れにくく熱による伸び縮みが小さい透明板になります。それを NCV のサンルーフとリアウィンドウに使いました。

　CNF で熱可塑性のプラスチックを補強した材料、CNF 強化プラスチックは、溶かして型に入れて成形する射出成形という方法を使うと、様々な3次元形状の部品をつくることができます。CNF で補強したポリプロピレン（PP）を使い、ドアの外側とドアの内側（ドアトリム）をつくりました。また、ブロー成形という方法で、溶かした CNF 強化 PP を風船のように空気を吹き込んでふくらましてリアスポイラーをつくっています。さらに、CNF 強化ナイロンを粉末にして、レーザーを照射して溶かしながら固めていく粉末床溶融結合法という 3D プリンティング法で、バンパーサイドやタイヤホイールフィンといった複雑な形状の部品をつくりました（**図2**）。

カーボンネガティブへの挑戦
バイオ＆バイオ＆リサイクル

　ドアやスポイラーに用いた CNF 強化プラスチックは、発泡技術などと組

21

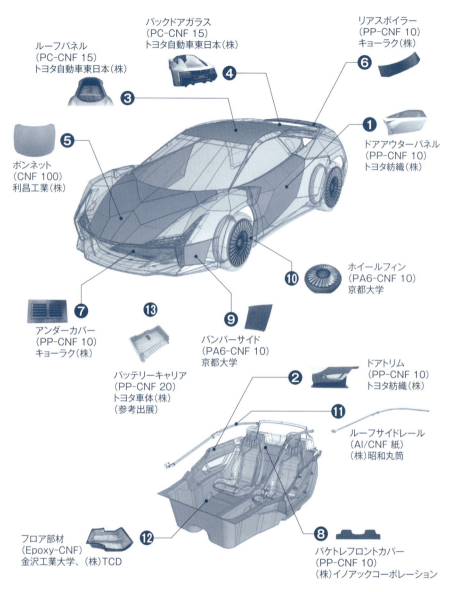

図2　NCVに使用したCNF材料

み合わせることで、自動車における現行樹脂部材のさらなる軽量化が可能です。さらに、CNF補強により樹脂の線熱膨張が低減できることから、ドア

外板やフェンダーといった金属部材の置き換えも期待できます。それによる車体の軽量化、CO_2排出削減の効果は、樹脂部材の置き換えより大きいといえます。

　また、デンプンや糖などのバイオマス資源からつくったバイオプラスチックを使うと、材料製造時のCO_2排出削減にさらに効果があります。石油からPPを1kg製造すると、製造から焼却までのライフサイクルで5kgのCO_2が放出されると考えられています。これに対し、廃糖蜜由来のバイオエタノールから製造されるバイオポリエチレン（PE）のライフサイクルCO_2は1.3kgです。ただ、バイオPEだけではやわらかく、そのまま自動車の構造部材には使えません。そこで、軽くて強い植物由来のCNFで補強します。そうすると、自動車に使われているPPベースの材料と同等の剛性、強度を持ったオールバイオ（バイオ＆バイオ）の部材に加工できます。

　さらに、CNFで補強したPPやPEはマテリアルリサイクルが可能です。すなわち、自動車や家電に使用されたプラスチック部材を回収し、洗浄、粉砕して、熱をかけて練り直せば、再度、射出成形やブロー成形用の材料になります。その際、材料の性能に変化はありません。もう一度、自動車の部品や他の用途に使えば、燃焼や分解によるCO_2排出を遅らすことができます。結果、マテリアルリサイクルを含めた長期ライフサイクルで見ればCO_2が減ることになります。バイオPEの使用とマテリアルリサイクルを考慮したライフサイクルアセスメント（LCA）では、20年、30年の長期スパンで考えると石油由来のPPを使用した場合に比べ、CO_2排出が大幅に減少することが明らかになっています。

　植物が捕まえ固定したCO_2を、構造用セルロース材料として燃やさず長期間使用することで、使えば使うほど大気中のCO_2が減っていくネガティブエミッション材料になります。木材は古くからある材料ですが、そのサステナブルな使い方には無限の可能性があります。

生物機能材料研究室　矢野　浩之

バイオマスとつくる
循環型未来社会

未来の資源はバイオマス、
持続可能な循環型社会をつくろう

　2024 年の世界の平均気温は、産業革命前と比較して 15.5℃（±0.13℃）も上昇し、観測史上最高を記録しました（世界気象機関 WMO）。特に 1970 年以降、気温上昇のペースは加速しており、これは過去 2,000 年間で経験したことのない急上昇で、まさに「地球沸騰の時代」です。気候変動、生物多様性の損失、汚染といった地球規模の危機に直面しているのです（G7 広島首脳会議、2023 年 5 月）。気候変動の影響は、極端な高温、海洋熱波、大雨の頻度と強度の増加を引き起こし、洪水や干ばつ、暴風雨などの自然災害がさらに深刻化することが懸念されています。また、現代社会は「第 6 の大量絶滅時代」とも呼ばれ、人類の活動が過去のどの時代よりも速いペースで生物種の絶滅を引き起こしています。2019 年に IPBES が発表した報告書では、地球上の種の絶滅速度が過去 1,000 万年の平均速度の数十倍から数百倍に達しているとされています。

　気候変動への対策として、カーボンニュートラルと脱炭素社会への転換が求められています。カーボンニュートラルとは、排出される二酸化炭素（CO_2）の量を自然界で吸収される CO_2 の量とバランスさせることで、温室効果ガスの増加を防ぐことを指します。バイオマスは成長過程で CO_2 を吸収するため、バイオマス資源を利用することでカーボンニュートラル社会の実現が

24　未来の生活を支える新しい材料・エネルギー

可能になります。

　バイオマスとは、植物や動物などの生物由来の有機資源を指します。植物由来バイオマスは、地球上に 450GtC（ギガトンカーボン＝ 10 億 t 炭素換算量、1GtC は 3.66 GtCO$_2$ に相当）あり、バイオマス全体の約 82％を占めます。植物バイオマスを構成する主要成分は、多糖であるセルロース、ヘミセルロースと芳香族高分子であるリグニンです。

　セルロースはパルプの主成分であり、紙や繊維製品の原料として広く利用されています。近年では、バイオエタノールの原料やバイオプロセスによるものづくり原料として化石燃料に代わる役割が注目されています。

　リグニンは樹木に約 20 ～ 35％含まれ、植物をかたちづくり、守っている重要な成分です。リグニンはセルロース、ヘミセルロースとともに植物細胞壁を形成し、植物が高く成長するための強度を保つ役割を担っているほか、水を運んだり、病害虫や環境ストレスへの抵抗性も担っています。このように、リグニンは強度と耐候性を持つ新素材としての可能性を秘めています。一方で、リグニンは決まった形があるわけではなく、複雑な形の分子の集合体で、強力な薬品を使った高温高圧処理をしないと、分解して取り出すことができないため、利活用が難しい物質でもあります。リグニンを上手に利用することができれば、植物バイオマスを余すことなく利用できるため、精力的な研究開発を進めています。

　これらの技術を活用することに加えて、持続可能な社会の実現には、自然資本の保全と回復が不可欠です。自然資本とは、森林、水、大気、生物多様性などの自然環境が提供する資源やサービスのことで、これらが健全でなければ人類の生活も成り立ちません。「ウェルビーイング／高い生活の質」を実現するためには、経済成長と環境保全の両立が重要です。これには自然資本を適切に管理し、持続可能な形で利用することが必要です。また、エコロジカル・フットプリントの削減や、ネイチャーポジティブな経済への転換を進めることで、現在と将来の世代が豊かで持続可能な社会を享受できるようにすることが求められています（環境省、第六次環境基本計画）。

木を使って森を元気にする

　人々は太古の昔から、森、川、海、大地の恵みを尊び、自然と共生して生活してきました。こうした営みの仕組みを軽んじ、石油、石炭、天然ガスなどの化石資源を大量に消費して便利さを追い求めた結果、地球温暖化が加速して巨大台風や集中豪雨、干ばつ、熱波や寒波などの異常気象が頻発するとともに、生態系が破壊され、森林火災、マイクロプラスチック、ナノプラスチックの問題も深刻化して、人々の生命が脅かされている事態となっています。日本に目を向けると、化石資源社会への傾倒は、こうした地球規模での問題のみでなく、林業の衰退や里山の放置を通して、様々な社会問題を引き起こしています。

　近年頻発する土砂災害は、異常気象による集中豪雨が直接の引き金になっているとはいえ、森林を手入れせずに放置してきたことが大きく影響しています。下刈りや間伐を定期的に行ってきた人工林は、林内に十分な太陽光が届くために下層植生が豊かになり、表土の流出を防ぐことができます。ところが、手入れされない森林の表土には日光が届かず、草木の根が張らないため、土地が痩せ、生物多様性も減少していきます。このような状況で大雨や台風が発生すると、表土が流れて土砂崩れが発生しやすくなります。さらに、樹木を支えるための根の発達も不十分で、木がどんどん巨大化しているために倒木が起こりやすくなります。これを防ぐには、林業を盛んにして、森林を手入れすることが何よりも大切です。

　山は、川を通じて海につながっています。川を通して生物多様性が高い元気な森とつながる海には、豊富な栄養素が山から供給されるため、プランクトンも増加して、多くの魚介類が生息します。山が荒れたため、沿岸漁業がダメになったという話はよく聞かれます。山間部に産業がなければ、地方の経済が衰退し、人口が減少して、地域の文化も途絶えてしまいます。木を切ってお金を生み出し、それを山の手入れに戻すサイクルはとても大切な営みなのです。

林業のみでなく里山でも同じことがいえます。昔、里山では、木を切って炭や薪、肥料がつくり出され、その恵みを糧として人々が生活してきました。しかし、燃料がガス、電気、ガソリンや軽油に代わり、肥料が化学肥料となると、里山の木を切って利用する営みが途絶えました。樹木は老齢化を重ねて、ナラ枯れやマツ枯れが各地で報告されるようになりました。ナラ枯れする木は、樹齢 40 年以上の大木（たいぼく）が多いそうです。若いうちに木を定期的に伐採（ばっさい）して利用すれば、ナラ枯れを起こさずに元気な里山が維持されますが、放置されると、ナラ枯れが起こります。生物多様性は減少し、人工林と同じように土砂災害のリスクも増大します。荒れた里山は隣接する農地の日光を遮り、作物の生育に悪い影響を及ぼします。街と山の境目が曖昧（あいまい）になり、鳥獣が街に出現します。このように、手入れをすることによって美しい景観や豊かで安全な社会を支えてきた日本の人工林や里山が放置され、危機的状況を招こうとしています[1]。

　では、山を手入れするためには、どのようにすればよいでしょうか。それは、山からお金を生み出して、森林や里山の手入れにお金を戻すサイクルをつくり出すことです。そのためには、木から価値が高いものをつくり出すことと、木材を活用して森林や里山を手入れすることの計りしれない価値を多くの人々が理解して、ちょっと多めにお金を出すことです。木から価値が高いものをつくり出すためには、木の持つ材料としての価値を最大限引き出すことが必要です。太い幹の部分は建築や家具の材料として利用し、端材や枝は、新しい木質材料に組み上げたり、化学的な方法で構造変換を行って、もともと持つ木材成分の特性を最大限引き出すことが大切です。当研究所では、建築から成分利用まで様々な研究者が、木の価値を最大限高めるための研究を行っています。

植物がつくったすごい素材、リグニンの魅力

　プラスチック問題は、現代社会が直面する深刻な環境問題の 1 つです。特にマイクロプラスチックは、海洋環境をはじめとする生態系に大きな悪影響

を及ぼしています。OECDの報告によれば、世界で排出されるプラスチック廃棄物の量は2060年までに現在の約3倍に増加し、その多くが適切に処理されずに環境に漏出することが予測されています。このため、プラスチックに代わる新素材の開発が急務とされ、リグニンによるバイオマス新素材が注目されています。

リグニンは、紙をつくる工場の副産物として、燃やされたり廃棄されてきました。筆者たちはリグニンを過度に分解せず、おだやかに分離することで、植物がつくり出した有用な特性を壊さずに維持したまま利用できる新しい技術開発を進めています。リグニンは、紫外線を吸収する芳香環（環状の分子構造）を持つため、紫外線防御剤や日焼け止めとしての開発に取り組んでいます。従来の石油由来の紫外線防御剤は、サンゴ礁や水生生物への悪影響、環境負荷、人体への悪影響が懸念されており、人と環境に優しい新素材として期待しています。また、天然の分子の形を保ったバイオマス素材は、環境中の微生物などによって自然に分解されるため、マイクロプラスチック問題の解決につながります[3]。

地球温暖化やプラスチック問題、生物多様性の損失といった現代の課題に対処するためには、再生可能な資源の利用が不可欠です。リグニンのような未利用資源を活用することで環境負荷を低減し、持続可能な社会を構築するための新たな道が開かれます。

木を溶かしてつくる新素材

木は、水、アルコール、酸などの溶媒には、穏和な条件では溶けないと考えられてきましたが、筆者たちは、木を微粉砕してギ酸と混ぜると、木が室温でゆっくりと溶けることを見出しました。ギ酸は、アリにも見出される最も構造が単純な有機酸で、温暖化ガスである二酸化炭素や、バイオマスを発酵してできるメタンガスからも合成できます。身近なところでは、キュウリやミツバにも微量含まれています。

化学メーカーである(株)ダイセルとの共同研究により、木材の破片や、お

がくずでも40〜50℃程度の温度で可溶化し、様々な新しい素材がつくれるようになりました[2]。ユーカリのような分解しやすい広葉樹材を溶かした後、溶媒を揮発させると透明性のあるフィルムができます。このフィルムは、アクリル樹脂に匹敵する強度があります。これに対して針葉樹のスギ材では、セルロースの束が溶け切らずに残り、そこに溶けた成分がとりまいているため、紙に近いバイオマスフィルムができます。このように、プラスチックから紙の間の性質を持ち、どちらに近い性質を与えるかは、原料や溶かす条件の選択により選ぶことができます（**図1**）。また、玉ねぎの皮などの農産廃棄物も溶かして新素材に変換できました。植物バイオマスを溶かしてつくったバイオマスフィルムは、使った後、再びギ酸に溶かして再利用できます。木材などの植物バイオマスが溶解すれば、そこに抗菌剤、紫外線防御剤など様々な機能性物質を溶かし込んで、成形品をつくることができます。筆者たちは、植物バイオマスをギ酸に溶かしてつくったバイオマスフィルムを熱圧すると木材や金属、セラミックなど様々な素材に接着することも見出しました。木

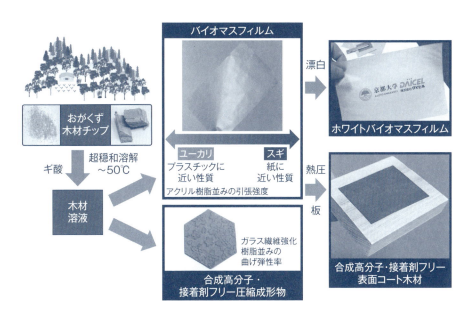

図1　木の超穏和溶解でつくる新素材

を溶かしてつくったフィルムを他の木の表面に貼りつけると、低級木を高級化したり、新しい機能を付与することができます。また、このバイオマスフィルムは、過酸化水素と触媒により1回の反応で白いシートにできます（図1）。さらに、木材のギ酸溶解液からガラス繊維強化樹脂並みの高い曲げ弾性率を持つ圧縮成形物もつくりました。これらの新素材は、石油からつくった合成高分子や接着剤が一切含まれておらず、植物材料そのものであることがポイントとなります。

　20世紀に発展した工業は、都市部や臨海工業地帯に工場をつくり、単位時間、単位スペースあたりの生産性を最大限にすることを命題としていました。筆者たちは、時間やスペースの制約がゆるい農山間部で、使われない木や農産廃棄物を、常圧下でゆっくり溶かして新素材をつくります。低い温度でゆっくり溶かすことで植物細胞壁が徐々に解体し、植物が本来持っていた構造上の特性を活かしつつ、新しい素材ができます。里山にある木や林業ででる未利用材、農産廃棄物を活かして農山村を元気にすることを目指しています。

[参考文献]

[1] 黒田慶子：林業改良普及双書 No.204 ナラ枯れ被害を防ぐ里山管理、全国林業改良普及協会、2023

[2] 渡辺隆司：木を溶かしてつくる新素材—有機酸による植物細胞壁リアッセンブリ素材の創成、紙パ技協誌、Vol.78、pp.637-639、2024

[3] 西村裕志：解き放て、植物バイオマス！紫外線バリアのリグニン新素材、TOYRO BUSINESS 206、pp.18-19、自然総研、2024年10月

バイオマスプロダクトツリー産学共同研究室　西村　裕志

バイオマス変換研究室　渡辺　隆司

植物バイオマスを材料として使い続けるための接着技術

木材は持続的に利用できる？

　植物由来の有機性資源のことを「植物バイオマス」といい、その代表として木材があります。みなさんの身のまわりを見わたすと、テーブル、机、イスなど木材を使った製品が色々あるのではないでしょうか。木材は樹木を伐採して得ます。樹木は幼木から数十年かけて成木となり、その間に大気中の二酸化炭素（CO_2）を吸収し、光合成を経て最終的にはセルロースやヘミセルロース、リグニンといった樹木を構成する成分となります。これらの物質は、炭素を多く含んでいるため、木材や木材製品は、地球温暖化の要因と考えられている CO_2 を貯蔵していることになります。

　木材や木材製品を使い続けると、いつかは廃棄して焼却することになります。その際には CO_2 が放出されますが、木材や木材製品を使い続けている間に再び樹木を育てれば、大気中の CO_2 を吸収し続けます。その結果、CO_2 の吸収と放出が実質的にプラスマイナスゼロとなるため、木材は「地球環境に優しい」とか「カーボンニュートラル」と呼ばれることが多いのです。

　しかし、はたして本当にそうでしょうか。確かに、樹木を育てて伐採し、木材や木材製品として利用し続け、その間にまた樹木を育てて循環させればよいのですが、世界の森林面積は年々減少の一途を辿っています。森林面積の減少の主な原因は、農地などへの土地利用転換や違法伐採、非伝統的な焼畑農業、燃料用木材の過剰な摂取、森林火災です。FAO（国際連合食糧農業

31

機関)の統計によると、1990年から2021年にかけて約1億8,000万ha(ヘクタール)の森林が減少しました。これは日本の国土面積の4.8倍に相当します。森林面積の減少は、木材利用のみならず、地球環境保全や生物多様性保全など様々な機能が失われることになるため、何とかくい止める必要があります。森林保全のために樹木の伐採制限が広がれば、将来的に木材需給のひっ迫が懸念されます。そのため研究者や専門家は、森林の保全と利用についてどのようにしたらよいかを地球規模の課題として検討しています。

木材を材料として利用する方法

　森林の保全と利用を考えると、木材を材料として利用する際にはできるだけ長く使い続けることが理想的です。樹木を伐採して枝葉を落とし、樹皮を剥くと丸太ができます。これを材料として利用するためには、そのまま利用する方法や、製材して角材や柱材などとして利用する方法があげられます。しかし、寸法が限られるうえに、節や腐れなどの欠点があると利用できないこともあります。また、細い木や枝、さらには製材中に出た端材なども利用することができません。そこで、木材をある程度の大きさに細分化したものを原料として、それを接着剤によって再構成させて材料化する方法が工業的に行われています。このような材料のことを総称して「木質材料」といいますが、細分化された原料の大きさや再構成の方法によって色々な種類があります。例えば、ひき板を横方向と縦方向に並べて積層接着させると集成材と呼ばれる木質材料となり、柱材などに利用されています。木材の切削片などからパーティクルと呼ばれる小片を調製し、それらに接着剤を添加して熱圧するとパーティクルボードと呼ばれる木質材料となります。これは、床や壁、家具などの材料に利用されています。それぞれの木質材料を構成する細分化された原料のことを一般に「エレメント」（**写真1**）と呼びます。代表的なエレメントを大きい順に並べると、ひき板＞単板＞ストランド＞パーティクル＞ファイバー＞木粉となります。エレメントによっては、細い木や枝、端材、さらには建築解体材も利用することができます。また、木材の節や腐れなど

写真1　エレメントの種類

の欠点を分散させることや取り除くことができるため、信頼性の高い材料を製造することができます。さらには、木材以外の植物も利用できる場合もあり、原料の幅が広がるとともに、植物バイオマスの有効利用にもつながります。

　このように、良いこと尽くめの木質材料ですが、製造の際にはエレメント同士をくっつける必要があり、通常は合成樹脂接着剤が使われています。木質材料用の合成樹脂接着剤には、フェノール樹脂接着剤やユリア樹脂接着剤と呼ばれるホルムアルデヒドを用いた接着剤、ポリメリックMDIなどのイソシアネート系接着剤など様々な種類が使われています。接着剤の性能は木質材料の性能に大きな影響を及ぼします。例えば、普通の状態での接着強度は高いけれど、水分には弱い接着剤を使った木質材料は、湿度が高い場所や雨がかかる場所での使用は避け、屋内用に使う必要があります。建物の構造部材として使うのであれば、水分に強く、耐久性の高い接着剤を使わなければなりません。このように、それぞれの木質材料の使用用途を考えて適切な接着剤を選択する必要があります。また、木質材料の製造工程や生産効率、経済性なども考慮しなければなりません。

最近の世界的な動向として、化石資源の使用をできるだけ抑制することが求められています。合成樹脂接着剤は、主にナフサや天然ガスといった化石資源由来の化合物を原料として製造されています。そのため例えば、家具などの製造販売で世界的に有名な IKEA は、自社で使用する化石資源由来の接着剤を削減し、バイオベース由来に切り替えることを発表しています[1]。バイオベース接着剤にはタンパク系接着剤、糖類系接着剤、芳香族系接着剤、オイル系接着剤などがあり、様々なバイオ由来物質を原料に使用した研究が数多く行われています。また、接着剤を使わずにエレメントとなる原料に含まれている化学成分を接着成分として利用する研究も行われています。

　筆者たちは、化石資源由来の化合物をできる限り使用しない接着技術の研究を進めています。特に、大学の研究所なので従来と同じような研究では面白くありません。これまで誰も検討していない、けれど誰でもできるようなあっと驚く研究を目指しています。

持続可能な接着技術の研究

　クエン酸という名前を聞いたことがあるでしょうか。クエン酸は、ライムやレモンなどの柑橘系植物に多く含まれる「すっぱい」成分で、梅干しにも含まれています。食品分野では多用され、一部のスポーツドリンクやサプリメントにも入っています。また、洗剤などにも使われ、日常生活ではよく知られている物質です。工業的には、デンプンや糖を微生物で発酵して生産されています。筆者たちは、このクエン酸が木材などの植物に対する接着剤として機能することを世界で初めて見出しました。その後、木材接着にかかわる多くの研究者がクエン酸を接着剤に用いる研究を進めています。これまで、木材をはじめソルガムバガス、タケ、樹皮、ニッパヤシの葉、チガヤ、サトウキビバガスなどを原料とし、木粉成形体やパーティクルボード、ファイバーボード、合板などを製造する研究が行われています。

　筆者たちが行った研究の一例として、ソルガムバガスを原料として、クエン酸を接着剤としたパーティクルボードの研究があります。ソルガム（**写真**

写真2　ソルガム

2）は、モロコシやコーリャンとも呼ばれ、穀物用や糖蜜用など用途によって品種が異なります。糖蜜用では、茎の部分に含まれる搾汁を使いますが、その際にしぼりかすが残ります。しぼりかすは一般にバガスと呼ばれ、廃棄物として扱われることがあるため、その有効利用を考えました。研究では、まずバガスを粉砕機にかけてパーティクルにします。クエン酸は水に溶かして水溶液とし、これを接着剤としてバガスパーティクルに霧状に塗布します。いったん水分を飛ばすために乾燥し、その後板状になるように原料を整え、それをホットプレスで、200℃程度で熱圧するとパーティクルボード（**写真3**）ができます。クエン酸の添加率を変えるとボードの物性が変わるため、最適なクエン酸添加率を明らかにしました。耐水性についても調べた結果、良好な値を示すことがわかりました。

　では、なぜクエン酸が接着剤として働くのでしょうか。分析機器を使ってその接着メカニズムを調べた結果、クエン酸が原料のバガスと化学反応して接着していることがわかりました。これは驚くべき発見でした。合成樹脂接着剤を使った接着では、原料との化学反応はほとんど起こらないと考えられていたからです。

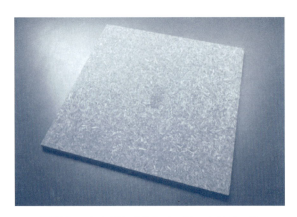

写真3　ソルガムバガスパーティクルボード

　次に、クエン酸を接着剤として利用し、もっと接着性能を向上できないかと考えるようになりました。一般的な研究方法としては、化石資源由来の化合物を添加することが多いのですが、それでは面白くありません。やはり100％バイオ由来物質で何とかしたい。そこで、砂糖の添加を考えました。砂糖はテンサイやサトウキビなどから生産され、多くの飲食物に含まれているため、みなさんも毎日口にしていると思います。実際の研究では、砂糖の主成分であるスクロース（蔗糖）を用いました。クエン酸とスクロースを一定割合で水に溶かし、これを接着剤としてバガスパーティクルに霧状に塗布しました。いったん乾燥後、板状になるように整え、200℃程度のホットプレスで熱圧し、パーティクルボードを製造しました。接着剤添加率を一定として、クエン酸とスクロースの割合を変えてボード物性を調べたところ、スクロースの割合が多いとボード物性が高くなることがわかりました。ちなみに、クエン酸もスクロースも食品として使われているため、接着剤を少しなめてみたところ、梅肉エキスのような味がして疲労回復に良さそうに思いました。

　このように、クエン酸とスクロースから成る接着剤でパーティクルボードをつくることができましたが、「シロアリや腐朽菌に対して弱いのでは？」と思う人もいるかもしれません。バイオ由来物質は、シロアリや腐朽菌に弱そ

うなイメージがあるのは当然です。そこで、クエン酸とスクロースを接着剤としてつくったパーティクルボードと、合成樹脂接着剤を使ったものを用意して、防蟻性能試験や防腐性能試験を行いました。その結果、クエン酸とスクロースを接着剤としてつくったボードは、合成樹脂接着剤を使ったボードとほぼ同等の結果を示すことが明らかになりました。

　なぜスクロースを添加するとボード物性が向上するのでしょうか。研究を進めたところ、スクロースがクエン酸とホットプレス中の熱によって別の物質に変化するとともに、クエン酸との反応の相乗効果で高いボード物性が発現することがわかりました。この結果は、スクロースに酸と熱を作用させると接着効果が期待できることを示唆しています。

　そこで、スクロースなどの水溶性糖類を多く含む原料に酸を加えてホットプレスで熱圧すると材料ができるのではと考え、アブラヤシ(**写真4**)に着目しました。アブラヤシは、果肉からとれるパーム油を得るために、インドネシアやマレーシアを中心に広大なプランテーションが行われています。しかし、植えてから25年ほど経つとオイル収穫量が低下するため、伐採更新を行う必要があります。アブラヤシの樹幹の構造は木材の構造とは異なり、水

写真4　アブラヤシ

溶性糖類やデンプンなどを多く含む柔細胞と呼ばれるやわらかい細胞を多く含み、密度が低く、木材に比べると強度性能に劣ります。特に、樹幹の内側部分は柔細胞の割合が高くなっているため、材料としての利用価値は極めて低いとされています。筆者たちは、あえてこの樹幹の内側部分を原料として、リン酸二水素アンモニウム（ADP）という物質を添加してパーティクルボードをつくりました。ADP は水に溶かすと酸性を示します。ADP を一定量添加すると良好なボードができることを見出しました。また、その要因を調べたところ、原料中の糖成分が ADP 存在下の加熱によって変性し、接着性が発現したと考えられました。ということは、スクロースをさらに加えるとボード物性の向上が期待できます。そこで、ADP とともにスクロースを添加してパーティクルボードをつくったところ、ADP のみを加えたボードに比べて曲げ性能は 1.7 倍以上、はく離強度は 3 倍以上の向上が認められました。さらに、このパーティクルボードの防蟻性能試験や防腐性能試験を行ったところ、合成樹脂接着剤を用いた場合と同等の性能を示すことが明らかになりました。

　以上、化石資源由来の化合物をできる限り使用しない接着技術によって木質材料をつくる研究について紹介しました。今後、世界的に脱炭素化が加速し、植物バイオマスの利活用がますます重要になると予想されます。木質材料は再生産可能な持続可能型の材料として注目されていますが、真の持続可能な材料とするためには接着技術の持続可能性も考える必要があります。一方で、実際の木質材料の製造では、出来あがった材料の物性はもちろんですが、生産性や経済性も非常に重要です。ここで紹介した研究は、現状ではまだ多くの課題があり実用化には至っていません。しかし、これらの技術を礎とした持続可能な接着技術が、将来実用化されるかもしれません。

[参考文献]

[1] 接着剤新聞、2023 年 4 月 1 日、1504 号

循環材料創成研究室　梅村　研二

電子レンジでカンタン、化学反応?

電波(マイクロ波)でものが温まるのはなぜ?

　電子レンジは1945年にアメリカで発明されて以来、いまでは家庭用調理機器の1つとして世界中に普及しています。電子レンジは「マイクロ波」と呼ばれる周波数(1秒間あたりの波の振動回数)2.45GHz(ギガヘルツ)の電波を使って食品を温めていますが、そもそもなぜマイクロ波でものが温まるのでしょうか。

　マイクロ波によってものが加熱される現象は、「誘電加熱」という原理にもとづきますが、まずは物質の誘電性について説明します。ある物質に対して電気的な影響を与えたとき、その物質内に電気的な偏りが発生するかどうかで物質を区別することができます。例えば、電気を通さない物質の上下に金属板を設置し、物質を金属板で挟みます。この状態で片方の金属板に電池の＋極、もう片方の金属板に電池の－極を取りつけて、電池のスイッチをオンにします(**図1**)。このとき、電気は正(＋)と負(－)との間でお互いを引きつけ合い、正と正との間や負と負との間ではお互いが反発するので、金属板の＋極には物質内の－が引き寄せられ、金属板の－極に物質内の＋が引き寄せられます。よって、物体内には電気的な偏りが発生します。このような物質のことを「誘電体」と呼び、誘電体内部に発生する電気的な偏りを「誘電分極」と呼びます。また、電池のスイッチをオンにしたときに金属板間に発生する電気的な場のことを「電界(電場)」と呼びます。

39

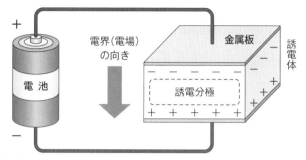

誘電体に電界をかけると、誘電体内に電気的な偏り(誘電分極)ができる

図1　誘電体と電界と誘電分極の関係

　この誘電分極という現象は、電池のスイッチをオンにした瞬間に発生するのではなく、それなりの時間経過をともなって発生します。また、電池のスイッチをオフにすればもとの状態に戻りますが、このときもそれなりの時間経過をともなってもとに戻ります。物質に電界が加わってから誘電分極が発生するまでの時間は、物質自身の特性や誘電分極の種類によってもマチマチですが、誘電体が全体的に誘電分極するような場合に最も時間がかかります。といっても、何十万分の1秒～何十億分の1秒という一瞬のできごとですが、実はこの誘電分極に要する時間がマイクロ波の周期に近いのです。周期は周波数の逆数のことで、電子レンジで使われている2.45GHzのマイクロ波の周期は約0.4ns（24.5億分の1秒）となります。

　電波には電気的な場(電界)と磁気的な場(磁界)の両方が存在し、電磁界の正負の向きが周期的に変化します。したがって、誘電体が電波に照射されると、電界の正負の向きの変化にともなって誘電体内部の誘電分極の正負の向きも変化します。ここで、電波の周期が誘電分極の変化時間と比べて十分に遅い場合は、電波の電界変化に対して誘電分極がほぼ同時に発生するとみなすことができます。ところが、電波の周期が誘電分極の変化時間と同程度になると、電波の電界変化に対して誘電分極の発生が遅れ始めるため、誘電体内で分極が発生しようとしているにもかかわらず、電界の向きが先にひっくり返ってしまうような状況となります。つまり、誘電分極の＋極に電界の＋

極が近づき、誘電分極の−極に電界の−極が近づくことになるので、反発作用によって、誘電体内の＋と−が突然反対方向に移動させられるような状況となるのです。誘電体の気持ちになって考えると「＋極（−極）があるからそっちに近づいたのに、いざ近くまで来てみたら−極（＋極）に変わっているじゃないか！」と、急ブレーキを踏まされたあげく、反対方向にＵターンさせられるのです。しかも、Ｕターンして逆方向に向かったら、また電界の正負が反転しているので急ブレーキを踏まされて…ということが１秒間に何十億回と誘電体内に起きることになります。誘電体に急ブレーキをかけさせているのが電界の役割です。また、物質内部で急ブレーキがかかるということは、物質内部でエネルギーが失われることに相当します。このエネルギーが電波から誘電体に伝わるエネルギーに相当し、最終的に誘電体の温度が上昇するのです。

　これが電子レンジで物が温まる原理であり、このような加熱原理を「誘電加熱」と呼びます。また、マイクロ波を用いた加熱手法のことを「マイクロ波加熱」と呼びます。電波の周期が誘電分極の変化時間と比べて十分に速い場合、今度は電界の変化時間に対して誘電分極がまったく間に合わなくなるので、誘電分極が発生しなくなります。結局のところ、誘電分極の変化時間と同程度の周期の電波のみが誘電体にエネルギーを伝えることができ、その周期を持つ電波がマイクロ波ということです。

マイクロ波加熱の特徴

　伝熱のような従来の加熱手法と比較すると、マイクロ波加熱には面白い特徴が２つあります。１つは「選択加熱」と呼ばれる特徴です。先にも述べたように、マイクロ波加熱は誘電分極が発生する物質にマイクロ波を照射することにより物質が加熱されます。裏を返せば、誘電分極が発生しない物質はマイクロ波では加熱できないのです。

　一方、伝熱のような加熱方法の場合は、周辺環境も含めて全体の温度を上げることで物質が加熱されるので、物質の温度が物質の素材に依存しません。

41

選択加熱のイメージとしては、マグカップのような陶器に水を入れて、電子レンジでマイクロ波加熱する場合とオーブントースターで伝熱加熱する場合を比較するとわかりやすいと思います。マイクロ波加熱では、水はマイクロ波エネルギーを吸収しやすい（誘電分極しやすい）物質なので加熱されますが、マグカップはマイクロ波エネルギーを吸収しにくい（誘電分極しにくい）物質なので、ほとんど加熱されません。よって、電子レンジで加熱した後でも素手でマグカップを持つことができます。伝熱加熱では、水もマグカップも両方とも加熱されるので、加熱後に素手でマグカップを持つとヤケドしてしまいます。このように、選択加熱はマイクロ波加熱のユニークな特徴であり、選択加熱の特徴を活かした新しい化学反応・化学合成などが期待されています。

　もう1つは「高速加熱」と呼ばれる特徴です。この特徴は選択加熱とも関連しますが、空気のような周辺環境を加熱せずにマイクロ波エネルギーを吸収しやすい物質だけを加熱するので、伝熱と比較しても加熱速度が速くなります。この特徴を活かせば、従来の化学反応・化学合成を極めて短時間で完了できるので、化学プロセスの高速化・省エネ化が期待されています。

マイクロ波加熱を利用した応用研究

　マイクロ波加熱は、電子レンジのような食品加熱以外にも様々な分野で利用されています（**図2**）。特に、1980年代後半あたりからマイクロ波を化学反応に利用する研究が創出されるとともに、金属粉末をマイクロ波で加熱できることが1999年に発見されて以降、様々な分野でのマイクロ波加熱応用の研究開発が広まっています。初期のマイクロ波化学反応研究では、実際にビーカーやフラスコに反応物質を入れて電子レンジでチンをする、といった事例も多数ありました。ここでは、マイクロ波加熱を利用した応用研究例として、筆者たちが取り組んだ木質バイオマス前処理用マイクロ波加熱の研究事例を紹介しましょう。

　木質バイオマスは再生可能エネルギーの1つとして注目されており、その

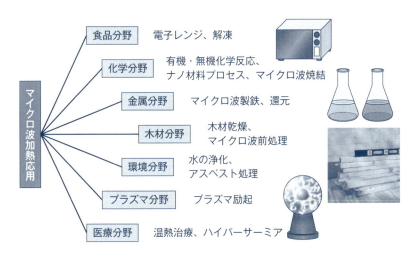

図2　マイクロ波加熱の応用分野

利用方法の1つとしてバイオエタノールなどのバイオ燃料生成があげられます。ただし、木質バイオマスを構成する化合物のうち、バイオエタノールの原料となるのは主にセルロースなので、セルロース以外の化合物を取り除いてセルロースを効率良く糖化・発酵させるための前処理工程が必要です。

　前処理工程で利用される手法としては、酸・アルカリを用いた化学的手法や爆砕等の物理的手法がありますが、筆者たちはマイクロ波加熱を利用した前処理装置の開発に取り組んできました（**写真1**）。この写真は、容量50Lの反応容器の周囲にマイクロ波出力1.2kWのマイクロ波発生器を8台取りつけた装置です。木質バイオマスを含む溶液を装置の上部から投入して下部から排出する途中にマイクロ波加熱を実施し、木質バイオマスからセルロース以外の不要な化合物を取り除く前処理工程を実施します。この装置のマイクロ波加熱効率（照射したマイクロ波エネルギーのうち、木質バイオマスに吸収されるエネルギーの割合）を木質バイオマスの加熱速度から算出したところ、加熱効率79%を達成しました。これは電子レンジの加熱効率（加熱される食品にも依存しますが、一般的に60～80%程度）と比較しても十分に高い加熱効率です。

写真1　木質バイオマス前処理用マイクロ波加熱装置

マイクロ波加熱の未来と課題

　マイクロ波加熱は様々な分野で利活用され始めていますが、今後マイクロ波加熱応用分野がますます発展するためには、重要な課題が2つあります。

　1つは、マイクロ波加熱装置の大型化です。大学のような実験室レベルでのマイクロ波加熱応用研究は近年世界中で広まっており、数多くの様々な研究成果が得られています。しかしながら、産業として成立させるためには化成品などの生産物を量産する必要があります。

　一方、マイクロ波加熱を行うためにはマイクロ波を物質に照射する必要がありますが、マイクロ波エネルギーを吸収しやすい物質だと物質の奥までマイクロ波が届かなくなるのです。つまり、加熱される物質の体積を単純に大きくするとマイクロ波で加熱することがどんどん困難になるので、装置の大型化に限界があるのです。実際にマイクロ波加熱を産業化した事例としては、ゴムの加硫（ゴムに硫黄を混ぜて加熱することで、ゴムの強度や弾性を向上させる工程）に使うマイクロ波加熱装置があります。この装置の場合、シート状のゴムをベルトコンベアで連続的に流す途中にマイクロ波を照射する構

造となっており、マイクロ波がゴムの厚み以上に浸透すれば問題なくゴムを加熱できます。あるいは、茶葉などの乾燥装置では容器を回転させながらマイクロ波加熱を行うことによって加熱ムラを防ぐ工夫がなされています。これらの装置のように、マイクロ波加熱を用いた生成物の産業化を実現するには、単純な装置の大型化ではなく何らかの工夫が必要になります。

　もう1つの課題は、マイクロ波加熱装置の高機能化です。市販の電子レンジでも、食品の素材や状態によっては加熱ムラができることを経験した人も多いと思います。産業化においては、加熱ムラの発生によって不十分な化学反応が起こり、不良品を生成するおそれがあるので、均一なマイクロ波加熱あるいは温度制御性の高いマイクロ波加熱が必要となります。高機能化の手段の1つとしては、マイクロ波発生器に半導体を用いることがあげられます。市販電子レンジのマイクロ波発生器には「マグネトロン」と呼ばれる真空管が使われています。情報通信分野においては、20世紀までに真空管が半導体に置き換えられましたが、マイクロ波のような高周波かつ大出力を要するレーダー分野や、マイクロ波加熱分野では現在も真空管が活躍しています。マグネトロンと比較すると、半導体は周波数やマイクロ波出力の制御性が高いので、より高機能なマイクロ波加熱装置を構築できます。

　近年、マグネトロンと同程度のマイクロ波出力1kWを発生できる半導体が市販され始め、高い制御性が求められる化学反応向けのマイクロ波加熱用途でも利用され始めています。ただし、このような大出力半導体はマグネトロンと比べてコストが非常に高いため、市販電子レンジのマイクロ波発生器がマグネトロンから半導体に置き換わることは当面なさそうです。いまの技術で半導体電子レンジをつくると、1台あたり数十万円〜百万円くらいでしょうか。半導体がより安価になってマグネトロンから半導体に置き換われば、お弁当の具材のなかで加熱したい領域だけを加熱するとか、温度が上がっていない箇所にマイクロ波を集中させるとか、様々な機能を持った未来の電子レンジが誕生するかもしれません。

生存圏電波応用研究室　三谷　友彦

微生物の手も借りたい！植物成分の新たな生産者

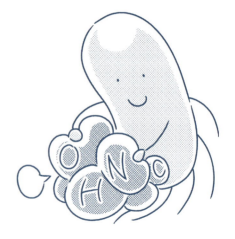

　洗剤や石鹸にレモンの香りを感じたことがあるのではないでしょうか。この香り成分（化合物）はどのようにして製造されたものだと思いますか。レモンの樹自身は、光合成という仕組みを持つので、光から得たエネルギーをもとにして香り成分をつくることができます。ですので、レモンから抽出された香り成分というのは考えやすいですね。では、「微生物がつくった香りですよ」といわれたらどうでしょう。信じられないかもしれないですが、近い将来実現できる可能性があるんです。近年の科学の発展によって、様々な植物成分を微生物につくってもらうことが可能になってきました。

　ここでは、植物が持つ成分をつくる能力とは何なのか、その能力を微生物にどのようにして与えるのかをお伝えします。さらに、そもそもなぜ植物成分を植物とは似ても似つかない微生物につくってもらう必要があるのかについて、その裏にある人類そして地球の危機にも触れたいと思います。

植物成分は人類の救世主

　みなさんのまわりには植物成分があふれています。コーヒーやお茶に含まれるカフェイン、リンゴが持つ健康に良い成分であるポリフェノール、タバコのニコチンなど、一度は耳にしたことがあるのではないでしょうか。また、名前は知らない成分であっても、化粧品の香り成分や食べ物の味、花の色素など、五感を通して認識できるものも多いです。さらに、植物成分は薬の原料としても広く活用されています。例えば、マラリアという病気はアフリ

カを中心に年間 50 万人以上もの死者を出す非常におそろしい感染症なのですが、菊の仲間がつくるアルテミシニンと呼ばれる成分が、マラリアの治療薬としてたくさんの命を救ってきました。この活躍から、アルテミシニンを世界で初めて見つけた研究者の屠呦呦先生には 2015 年にノーベル生理学・医学賞が授与されています。このように、植物成分は私たちの生活の様々な場面で活躍しています。

しかし現在、人類の生活は別の天然資源に過度に依存しています。石油や石炭といった「化石資源」と呼ばれるもので、人類はこれらの化石資源を原料として様々な化合物をつくり、その化合物を利用して生活しています。しかし、化石資源は消費され続けているため、枯渇のリスクを避けることが全世界で緊急の課題です。さらに、化石資源を原料とした人工的な化合物の合成は、極度な高温高圧、また極端な酸性・アルカリ性の pH 条件を必要とするなど、環境への負荷が大きい場合が多いことも問題になっています。ここでは詳しく書きませんが、化石資源の利用は地球温暖化も加速させます。つまり人類は、地球を守るために化石資源にあまり頼らないような生き方に変えないといけない、そんな転換点に立たされているのです。そこで、近年再注目されているのが、植物成分などの生物に由来する有用成分の活用です。

どうやって植物成分をみんなに届ける？

植物がつくる成分は 100 万種にも及ぶとされていて [1]、まだみなさんに知られていない有用な植物成分がたくさんあります。いわば、植物成分はまだ多くの宝が眠る自然（天然）の資源と期待されているのですが、なぜこれまで眠っていたのでしょうか。この理由は身近なところから気づくことができます。リンゴの果皮の赤色色素を思い浮かべてみてください。この色素はリンゴの樹のなかでも果実にだけ、さらに果実の中でもピーラーで 1 回剥くだけで取り除けるような薄い果皮にしか蓄積しません。このように植物成分には、植物全体を考えたときにほんの一部にしか蓄積しないものが多いのです。さらに、リンゴの果皮は果実の成熟とともに夏以降に赤みを帯びてくるなど、

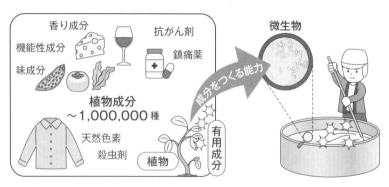

図1　微生物による色々な有用植物成分の生産

　植物成分は必ずしも一年中蓄積しているわけではありません。また、有用成分をつくる植物種は、作物のように育て方が確立されているものばかりではありません。育てるのが困難なものや、極端な例ですと、絶滅危惧種も存在します。このように、植物成分はいつでもどこでも、たくさん手に入るというわけではなく、植物から抽出した有用成分を安定的に大量に社会に届けるためには植物ならではの障壁があります。

　これを打破するために近年発達してきたのが、植物が成分をつくる能力を細菌やカビといった微生物に渡して、微生物につくってもらうという新しい植物成分の生産方法です（図1）。このつくり方を知っていただくうえで、3つのポイントが重要になります。そもそも植物が成分をつくる能力とは一体何なのか、どうやってこの能力を微生物に渡すのか、またその能力を渡す相手がなぜ微生物なのかということです。

植物の酵素パワー

　植物細胞では絶えず様々な成分がつくられており、この成分をつくる能力を持っているのは酵素です。酵素のほとんどはタンパク質の仲間です。タンパク質と聞くと、まず真っ先に連想されるのは食品の栄養素ではないでしょうか。実はタンパク質にも色々な種類があり、それぞれが持つ能力にしたがって役割を分担しながら生命活動を支えています。そのなかで、酵素はある

化合物を別の化合物に変える能力を持つものを指します。酵素の多くは、人間の体温近くの温度、また pH も中性付近という穏やかな条件の細胞内で働くため、酵素を用いた化合物の変換は地球環境への負荷が少ないとされています。これが、酵素を用いて植物成分をつくるうえで大きな強みになります。

　酵素は人間の体内にも存在します。再び食に関連する例になりますが、胃や腸などに存在する消化（分解）酵素です。これらは、栄養分を体内に取り込むために、摂取した食べ物を構成する化合物を分解して、小さい別の化合物に変えています。ただ、酵素は小さい化合物に分解するものだけではありません。植物成分がつくられる際には、化合物を変形させる酵素、また、小さい化合物同士を合体させて、より大きくて複雑な化合物をつくる酵素も働いています。このような様々な酵素たちが、初めの酵素がつくった化合物を別の酵素がさらに違う化合物に変えるというように、何段階もの流れ作業を行ってどんどん化合物が変化していきます。

　植物種が異なる、また同じ植物種でも葉や根といった組織が異なると、働いている酵素や流れ作業の仕方も変わってきます。すると、植物種ごと、また組織ごとに特徴的な成分が生じます。例えば、リンゴ果実の香りは柑橘類の果実とは違いますし、リンゴの葉っぱとも違いますよね（**図2**）。ですので、植物成分をつくる力を他の生物に渡す場合には、まず目的とする成分をつくるための酵素セットを見極めないといけません。これがなかなか難しいので

図2　酵素の組み合わせの違いが特有成分を生む

す。なぜなら、１つの植物種が持つ酵素種はざっと 1,000 種に及び、その
なかにはどんな能力を持つのかが不明な酵素も多いからです。筆者たちは、
このような役割未知の酵素がどんな成分の生産にかかわっているのかを明ら
かにするために日々実験を行っています。

酵素のレシピを渡す

　植物成分をつくる酵素セットがわかったら、どうやって微生物に渡すのが
よいのでしょうか。これが２つ目のポイントになります。カレー屋さんに置
き換えて考えてみます。例えば、あなたは新ジャンルの極旨辛冷やしカレー
を開発し、販売しました。初めの店舗では大盛況で、別の地域に新しい店舗
も立ち上げ、そこでも同じ味のカレーを提供したいと考えています。では、
同じ味のカレーを販売してもらうために、新しい店舗に何を渡しますか。出
来上がったカレーそのものでしょうか。そうではないはずです。100 人前
のカレーを新店舗に運んでも、100 人のお客さんにふるまえば終わりです。
この場合、新店舗のスタッフはレシピを知らないので、同じ味のカレーをつ
くることはできません。

　では、何を渡すのがよいのか、そのカレーのレシピ(つくり方)です。ここ
でカレーは酵素を含むタンパク質、初めの店舗と新店舗はそれぞれ植物と、
植物が能力を渡す相手の微生物に対応します。では、そのレシピはというと、
遺伝子になります。つまり、生物のなかでは遺伝子に書かれている内容をも
とに酵素がつくり上げられています。酵素そのものを別の生物に渡しても、
初めは働くかもしれませんが、実は長くもたずに壊れてしまいます。酵素の
多くは生鮮食品のように短命です。さらに、受け取った生物は、その酵素の
つくり方は教えてもらっていないので、もうこの酵素を利用することはでき
ません。一方、出来上がった酵素ではなく、そのレシピとなる遺伝子を渡し
ておくと、その生物は遺伝子をもとに自力で酵素をつくり続けられる、つま
り植物成分を生産し続けることができる、という仕組みなのです。

微生物は売上安定の店舗

　最後のポイントまできましたね。ここでは、植物成分をつくってもらう生物として、なぜ微生物が選ばれるのかについてお伝えします。特によく使われるのは細菌の大腸菌です。大腸菌には O-157 のような食中毒の原因となるものもいますが、安心してください。ここで使うのは悪さをしない大腸菌です。そして、もう１種紹介したい微生物がいます。出芽酵母です。出芽酵母はカビの仲間で、パンやビールなど、様々な食品の製造に用いられますので、聞いたことがある人も多いのではないでしょうか。大腸菌や出芽酵母は植物に比べて圧倒的に早く育ちます。温度や栄養成分などの生育環境を最適にすると、大腸菌は 20 分で、出芽酵母も２時間で倍の細胞数になります。細胞数が倍増するということは、単純に考えると植物成分の生産力も倍増することになるので、微生物の生育の速さのメリットを感じられるのではないでしょうか。さらに、大腸菌や出芽酵母は長年様々な研究分野で活用されてきた歴史があり、安定的に大量に増殖させる技術が確立されています。植物の生育は天候、また病害虫や病原菌にも左右されますので、成分の生産性も変動が大きいです。これと対照的に、安定した生産力が期待できるのも、このような微生物の特徴といえます。先ほどのカレー屋さんの話に置き換えると、微生物はどんどん生産規模を大きくしていって、かつ安定してカレーをつくることができるという点でエリート店舗といえます。

微生物産の植物成分

　抗がん剤や鎮痛剤といった薬の原料となる成分、健康に良い作用を示す機能性成分、香り成分、色素、また味を司る成分など、多様な植物成分が微生物によってつくられてきました。筆者たちも、肥満を抑える効果を持つアルテピリンＣと呼ばれる成分を出芽酵母に生産させることに成功しています。

　さらに、植物成分を大腸菌や出芽酵母につくらせるだけではなく、そこから発展した研究も発表されています。例えば、単一植物種ではなく、複数の

生物種に由来する酵素の遺伝子を同じ微生物細胞のなかで働かせることで、もとの植物は持たない新しい成分が生産されました。このような研究は、より効果の高い薬の開発・生産などにつながると期待されます。また、微生物についても改良が進んでいます。大腸菌や出芽酵母が、取り込んだ糖などの栄養分、またそこから得たエネルギーを、より効率的に目的成分の生産に活用できるように、微生物細胞がもともと持っている酵素たちを改変するような研究があります。また、糖より安価な化合物を原料にできる特殊な酵母、光合成ができるという利点を持つ藻類といった、個性的な微生物種に植物成分をつくってもらう取り組みも進められています。このように様々な視点で植物成分の新たな生産方法が日々開発されています。

様々な生物の手を借りて支える未来社会

　植物成分の社会への供給力を上げるために、近年研究が活発な微生物での植物成分の生産方法を紹介しました。この手法は、酵素を使うことで環境負荷が少なく、また微生物を使うことで安定的に植物成分をつくることができるという利点があります。

　しかし、まだ万能というわけではありません。というのも、社会に届けるには、安価で、大量に生産できるのが理想なのですが、そのような高い生産性を実現させた例はとても少ないです。生産性を上げるためには試行錯誤の繰り返しが必須です。例えば、酵素や微生物を改変することや、新しい微生物種の利用を検討するといった取り組みも活発ですし、人工知能やロボットの助けも借りて試行錯誤の効率を上げるような技術も開発されています。このような取り組みが実を結び、近い将来、様々な植物有用成分が植物だけではなく微生物の手も借りて私たちに届けられるようになるかもしれません。

[参考文献]

[1] FM Afendi et al. : Plant and Cell Physiology, Vol.53, issue 2, 2012, e1

森林圏遺伝子統御研究室　棟方　涼介

私の研究道具—シロアリ

　京都大学宇治キャンパスの一角にあるヒミツの階段。階段を降りると、1年中28℃に保たれた常夏の空間が広がっていて、総勢（推定）300万頭を超えるイエシロアリが巣（シロアリのお住まいです）5個にわかれて棲んでいます。イエシロアリは、京都では野外に生息分布していないことから、シロアリ研究を進めるべく、研究室の設立当初の1962年から飼育が始められました。野外に生息分布している地域から巣を運んできて、コンクリート製の飼育槽で巣ごと育てています。これまで巣を何個も取り換えつつ、現在に至ります。エサとなる木材には好みがあるようで、アカマツをよく食べてくれます。

　木材害虫としておそれられているシロアリですが、生態系のなかでは枯れた木々を食べて土にかえす分解者として重要な役割を持っています。シロアリを詳しく調べることで、一方的に害虫扱いしてしまうのではなく、シロアリと仲良く共存できる未来がつくれるかもしれません。

シロアリ飼育室

詳しく調べるには、ときにとても残酷なことをしなくてはなりません。例えば、シロアリのお腹のなかは、どうなっているのでしょうか。では、覗いてみましょう。ピンセットを2本持って、一方でシロアリの頭と胸の間を軽く押さえます。もう一方でシロアリのオシリの先をつま

イエシロアリのお腹のなかの原生生物
（3種類）

んで、消化管を引っこ抜きます。消化管を顕微鏡で拡大して見てみると、そのなかに原生生物と呼ばれる無数のうごめく生物が見えます。イエシロアリは木材中のセルロースを分解して栄養にしていて、分解できないリグニンをフンとして排出しています。イエシロアリは、原生生物がいないと、このセルロースをきちんと分解することができません。私たちも、お腹のなかにシロアリの原生生物を棲まわせることができたら…。いつか私たちも木材を食料にできる時代がくるかもしれません。

　また、イエシロアリは、土壌と自らのフンなどを利用して「蟻道（ぎどう）」と呼ばれるトンネルをつくって、そのなかを行き来して、巣から出られない女王・王や幼虫へと水やエサを運んで与えます。蟻道のなかを往来することで体の乾燥を防ぐと同時に、天敵であるクモなどから身を守ることができます。また、シロアリの脱出防止のために飼育槽の周囲の溝に常に水を張っています。イエシロアリは毎年6～7月頃、成虫である羽アリが新たな巣をつくるべく巣から飛び立ちます。羽アリは光源に集まる習性があるので、京都・宇治が新たなイエシロアリの分布地になった！なんてことにならないよう、この時期は地下室にランプを灯して、羽アリをつかまえています。

居住圏環境共生研究室　大村　和香子

Column II

私の研究道具—顕微鏡

　みなさん、顕微鏡は好きですか。筆者は大好きです。科学者の使う装置は色々ありますが、ネットで「研究」を画像検索すると、顕微鏡を使った画像がいっぱい出てきます。顕微鏡は研究のイメージにピッタリの装置だと思います。

　では、なぜ顕微鏡は研究をイメージさせるのでしょうか。筆者の想像ですが、顕微鏡は見たいモノを拡大して細かな構造を見る装置ですが、モノの細かい構造を見たいときは、その仕組みを知りたいときではないでしょうか。そして、詳細を見ることでそのモノを理解できるのは、あ

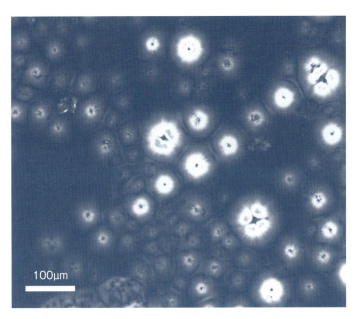

国際宇宙ステーション「きぼう」日本実験棟で酵素合成したセルロースの複屈折画像（東京大学、（株）コンフォーカルサイエンス、北海道大学との共同研究）

らゆるモノは小さな部品が積み上がってできているという考えが染みついているからではないでしょうか。時計とかバイクとか、機械を分解してみたくなる衝動にかられたことのある人ならわかっていただけると思います。

　では、顕微鏡はどうやってモノを拡大しているのでしょうか。ここで大事になるのが光とレンズになります。中学校で習ったように、モノを光で照らして、そのモノから出てきた光を、レンズを使ってグイっと曲げると拡大像が得られます。

　この光で照らしてレンズで拡大する工程ですが、正確な説明は専門書に譲るとして、平たくいえば、見たいモノに刺激を与えたときの応答を見ているにほかなりません。光で刺激してモノから返ってくる光を見ているわけですね。ということは、この刺激の仕方を変えることで、あるいはモノから拾う応答の種類を変えることで色々な情報を得ることができます。世のなかには色々な顕微鏡がありますが、それは色々な刺激の与え方、色々な応答の拾い方があるからです。何だか人間社会に似ているところもあるように思います。逆境でその人の本性があらわになるみたいな…。

　筆者たちは、色々な種類の顕微鏡を使い分けることで生物素材から様々な情報を得ています。光として電子線を使えば解像度の高い観察が可能になりますし、偏光顕微鏡という顕微鏡では、特殊なフィルターを通した光でモノを照らすことで、分子の並ぶ向きを見ることができます。顕微鏡技術が科学の発展におけるターニングポイントのきっかけとなった例は多く見られます。サステナビリティ学の発展に貢献する「刺激」と「応答」とは何か、顕微鏡大好き人間としては考え続けなければならない課題です。

マテリアルバイオロジー研究室　今井　友也

2

空(そら)から宙(そら)まで広がるサステナブルな空間

レーダーの開発と天気予報の精度向上

気象の観測

　近年、気温の上昇、集中豪雨の頻度増加や、熱中症リスクの増加など、気候変動の影響が全国各地で現れ、今後も拡大するおそれがあるといわれています。現在の気象状態を精確に把握し、予報につなげることが重要です。大気（空気）の状態を知るために必要となる基本的な気象要素は気圧、気温（空気の温度）、風（風向風速、すなわち空気の流れ）、そして水蒸気の量です。ただし、他にも太陽からの日射の強さや、空気の成分の一部である二酸化炭素やオゾンの濃度なども大気の状態を知るための気象要素といえます。大気中の水蒸気の一部は凝結して雨滴となり、やがて地面に雨となって降ります。つまり「降水」です。降水は人間の生活に大きな影響を及ぼし、防災面でも降水量を測ることは気象観測の重要な要素の1つで、全国約 1,300 地点に展開されている気象庁のアメダス（地域気象観測システム）に代表されるように、気象観測はずいぶん機械化・自動化が進んできました。また、静止気象衛星ひまわりは、高度 36,000km の宇宙から雲の分布などを撮影し、地上に送ってきています。現在でも世界各地で、最新の科学技術を用いた新たな気象観測の技術や手法が開発されています。

　地上付近の風を測る最も一般的な方法は、プロペラを用いた風車型風向風速計で、アメダスでも使われています。この風速計を鉄塔に設置すれば少し上空の風の高度分布を得ることができます。また、凧のように地上とヒモで

結んだ大きな気球に風速計をぶら下げて風を測定する係留気球と呼ばれるものもあります。さらに上空の風を測定する手法として最も一般的なのが「ラジオゾンデ」です。水素あるいはヘリウムガスを充填したゴム気球に温湿度センサーや気圧センサーをつり下げ、毎秒約6mの速度で上昇させて、高度30km程度までの観測を行うものです。観測データが電波にのせて送られるとともに、気球の位置をGPSで得ることで気球の位置での風向風速を測定できます。高い高度までの測定が可能ですが、1回の測定に2時間弱かかり、また手間もかかるため連続観測が難しく、気象庁でも通常9時と21時の1日2回しか行われていません。特に対流圏下層（地上～高度2km程度）では風向風速が時間とともに大きく変化するため、きめ細かい予報には高時間分解能での連続観測が必要になります。筆者たちは、上空の風を高精度に高時間分解能でレーダー観測する技術開発を日夜行っており、ここではその内容について紹介します。

レーダーによる大気の観測

電波は携帯電話など情報通信の分野で広く使われていますが、その際に伝搬路となるのが大気です。電波と大気との間で起こる様々な物理現象を用いて、多くの大気のリモートセンシング（遠隔計測）手法が開発されています。例えば、気象レーダーは、アンテナから電波を発射し、雨滴によって散乱された電波（エコー）を同じアンテナで受信し、その信号に含まれる情報にもとづいて雨滴の場所や特性（大きさ、移動速度等）を測定します。エコーの強さは雨滴の大きさや数に関係しますので、降水強度を推定することができます。ただし、エコー強度と降水強度は単純な比例関係になく、降水粒子の大きさ（粒径）によって大きく変わります。そこで気象庁では、降水の種類ごとにエコー強度と降水強度の変換式を実験的に決めており、さらにアメダスで測定された地上降雨量をもとに全国20か所の気象レーダーから得られる降水強度を補正しています（レーダーアメダスと呼ばれます）。

一方、雨滴がなく、晴れている場合でも電波エコーが返ってくることが

約50年前に発見されました。当時の常識では自由電子も雨滴もないところに電波散乱現象は存在せず、「天使のこだま」ではないかと揶揄する者もいたほどです。様々な研究が行われ、現在では大気の乱れ（乱流）に起因する屈折率変動がごくわずかな電波散乱を起こし、それが後述のブラッグ散乱で強め合うことで、レーダーで検出しうるエコーになることが知られています。大気は風がない場合でもまったく静止しているわけではなく、微細にゆれています。コーヒーの湯気やタバコの煙が乱れるのはその例です。上空でも同様な大気の乱れが存在しており、この乱れによって気温や湿度も微細にゆらいでいます。このようなゆらぎ領域に電波があたると、わずかながら散乱され一部が戻ってきます。この原理にもとづいて、筆者たちも1980年代に50MHz帯のMUレーダー（「Column Ⅲ」参照）を開発、その後、1.3GHz帯の小型大気レーダー（ウィンドプロファイラーと呼ばれます）の開発に成功しました（**写真1**）。ウィンドプロファイラー（wind profiler）とは、上空の風（wind）を測定し、そのプロファイル（profile：横顔、輪郭）を提供する装置を意味しています。

　レーダーでは距離を測るのに電波が用いられます。登山で「山びこ」を経験された人も多いと思います。大きな声を出してから山腹で反射して来るこだま（エコー）が聴こえるまでの時間を計り、それに音速（常温でおよそ340m/秒）をかければ、山腹までの往復距離が求まります。同様に、短い

写真1　京都大学で開発され、後に気象庁のWINDASに採用されたウィンドプロファイラー

パルス状の電波を使って目標物までの距離を知ることができます。ただし、電波は光速（約300,000km/秒）で伝わりますので、時間遅れは音の場合の百万分の1です。音速は気温（大気密度）によって変化しますので、山びこでは、およその距離しかわかりませんが、電波の場合は時間を高精度に測定すれば正確な距離が求まります。

　目標物が動いているとドップラー効果が作用し、受信信号の周波数には目標物の移動速度に応じた偏移が生じます。音波では、近づいてくる救急車のサイレンは高い音（高い周波数）に、遠ざかるときには低い音（低い周波数）になって聴こえるのを経験されていると思います。同様に、移動している物体に電波をあてると、反射された電波の周波数は、その速度に応じて発射した周波数からずれて返ってきます。この周波数のずれ（ドップラーシフトと呼ばれます）は物体の速度に比例するため、ずれを測定することで速度を得ることができます。ただし、得られるのは目標物の速度のうち、電波のビーム方向（視線方向）に沿う速度成分（ドップラー速度）です。ここで注意すべきは、極端な場合、目標物の移動方向とビーム方向が直交すれば測定されるドップラー速度はゼロということになりますので、ビームが1方向だけでは風速3成分（東西風・南北風・鉛直流）は得られません。少なくとも3方向にビームを向ける必要があります。

ウィンドプロファイラーの概要

　図1はウィンドプロファイラーによって高層風を測定する概念図です。ウィンドプロファイラーは、電波ビームを鉛直および天頂から10度程度傾けて東西南北方向に送信し、各ビームにおけるドップラーシフトすなわち視線速度を算出し、風向・風速の鉛直プロファイルを連続かつ自動的に観測します。降雨時だけでなく晴天時にも観測できることが大きな特長です。ウィンドプロファイラーでは、波長20cm〜6mの電波が用いられ、一般に気象レーダーで使用される3〜10cmに比べると波長が長い（周波数が低い）特長があります。これは、気象レーダーが電波散乱体として雨滴を対象として

いるのに対し、ウィンドプロファイラーは大気乱流を対象としているためです。上で述べたように、大気中には乱流が至るところにあるため、見た目には「何もない」大気から電波が散乱されて戻ってきます。しかし、その反射率は、雨滴などに比べ非常にわずかです。ウィンドプロファイラーは、このごく微弱な電波を受信し、風を測定します。

大気の乱れにより散乱された電波を検出するには条件があります。それは乱れのスケールが電波の波長の半分でなければならない

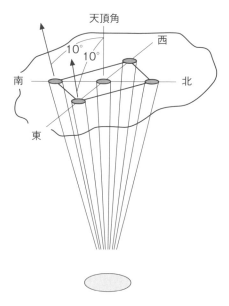

図1　ウィンドプロファイラーによる風測定の概念図

ということです（ブラッグ条件と呼ばれます）。サイズの小さい乱流は対流圏下層には豊富に存在しますが、高度が増すに連れて急激に少なくなります。したがって、高い高度の風を観測するためには、波長の長い電波を使う必要があります。現在大気レーダーで用いられている周波数は、目的により50MHz帯、400MHz帯、1.3GHz帯の3種類です。周波数の低い（波長の長い）ものほど高い高度までの観測が可能ですが、装置の規模が大きく、費用もかかります。50MHz帯のMUレーダーは、高度数十kmまで（さらに数百kmの電離圏も）観測できますが、アンテナの大きさが100m以上にも及びます。下層を観測対象とするウィンドプロファイラーでは1.3GHz帯が用いられます。

気象庁におけるレーダー観測と天気予報

気象庁は、局地的豪雨・豪雪をもたらす水平スケールが約100km、寿命

が数時間の現象(メソスケールと呼ばれます)の発生を予測し、的確な防災情報を発表することを目指して数値予報モデルの改良と観測網の充実を図っています。気象庁の天気予報を支える柱の1つは数値予報モデルです。1959年の数値予報開始時には水平格子間隔約305km、鉛直4層の低解像のモデルでしたが、計算機の急速な進歩もあり、水平格子間隔約5km、鉛直40層のメソ数値予報モデル（MSM）へと発展してきました。予測精度の向上のためには、数値予報モデルの高精細化だけではダメで、観測データの時空間分解能も上げる必要があります。気象庁では、ラジオゾンデによる高層気象観測を国内18地点と4隻の海洋気象観測船において行っていますが、離島を除いても平均の観測地点間距離は350kmにもなります。水平規模が100km程度のメソスケール現象に対して、ラジオゾンデ観測網は決して十分な密度を有しているとはいえません。そこで、MSMの運用開始にあわせて、豪雨をもたらす対流圏下層における湿った大気の流れを時間的に高分解能で観測できるウィンドプロファイラー観測網（局地的気象監視システムWINDAS）が全国に展開されることになりました。京都大学と三菱電機（株）で共同開発されたウィンドプロファイラーが採用され、2000年11月に1号機が設置された後、翌年3月末には全25台（現在は33台）からなるWINDASシステムが完成し、まもなく数値予報の初期値としてWINDAS観測データの利用が始まりました。

　WINDAS観測値がどの程度数値予報に効果があるかを調べるため、気象庁数値予報課で、インパクト実験と呼ばれる検証実験が行われました。2001年6月19〜20日に、西日本に梅雨前線が停滞してメソ降水システムが発生し、愛媛・和歌山・奈良の各県で土砂崩れが発生しました。この事例において、数値予報モデルにWINDAS観測値を取り込んだ場合と、取り込まなかった場合の予報結果が比較されました。WINDAS観測値を使用した予報では、3時間積算降水量が30mmを超える強雨域が大分、愛媛両県を中心として予想され、これは実際とよく一致していました。一方、WINDAS観測値を使用しない場合には、強雨域は実際より約100km北方

にずれて山口・広島・岡山各県の南部に予想されていました。このときの下層における風向風速の予報値は、後者では瀬戸内海西部に北向き成分が予報されたのに対して、前者ではWINDAS観測値を用いたことで風の北向き成分が抑えられ、実際に近い地域に強雨域が予想されたと考えられます。この事例では、強雨域を取り囲むように配置されたウィンドプロファイラーが対流圏下層の風をきめ細かく測定したことが、モデルが強雨域の発生位置を正確に予測することにつながり、WINDASが数値予報の精度向上に貢献することが示されました。

　ウィンドプロファイラー（WINDAS）の長所は、気象レーダーが降雨時しか観測できないのに対して、天気によらず風を測定できることです。しかも、時間的に高い分解能で、自動で連続的に測定できます。気象庁では、10分ごとに平均されたデータを1時間に1回の頻度で配信しています。また、ラジオゾンデは風によって流されるため、そのたびに観測位置が変わりますが、WINDASの場合は常に観測地点直上を測定できます。これらは、いわゆるゲリラ豪雨の発生予測の向上などに貢献しています。一方、大気の状態によって最高観測高度が変動することは短所といえます。また、リモートセンシングの宿命として、種々の要因によるノイズが誤データを生むことがあります。そのため、誤データを取り除く品質管理処理が行われますが、その際にデータが一部欠落することがあります。特に、WINDASの運用初期には春と秋を中心に全国的な規模で原因不明の誤観測が見られました。それは渡り鳥の群が原因であることが突き止められ、対策が練られ、現在では渡り鳥の時季でも問題なく観測できるようになっています。筆者たちも不要エコーを取り除くためのハードウェアや信号処理技術を開発し、観測データの質を向上させるための研究を行っています。

大気圏精測診断研究室　橋口　浩之

「宙」と「空」の境い目

「そら」を見上げてみよう

　誰しも一度は富士山の頂上に登ってみたいと思ったことはあるでしょう。ふもとから眺める富士山は美しいですが、頂上付近の気温は地上と比べて約22℃低くなります。エベレスト山頂に至ってはさらに過酷で、平均気温は−30℃にまで達するそうです。「標高の高いところは気温が低い」ということは、みなさん体感されたことがあるでしょうし、その理由が「空気よりも地面の方が温まりやすいので、地面に近い空気が最初に温められるから」ということも、感覚的に理解されていることと思います。それでは、エベレスト山頂からさらに上空に向かうと気温はどうなっていくのでしょうか。そして、さらに上空へと向かうと、いつかは大気圏を突破して宇宙空間に飛び出すはずですが、宇宙の「入口」はどこにあるのでしょうか。ここでは、その宇宙の入口の様子と、そこでの現象が、私たちの生活に及ぼす影響について述べたいと思います。

　まずは、宇宙とはどういう場所で、地球上の私たちの生活空間と何が違うのか、改めて考えてみましょう。地球の外側はすべて宇宙であり、地球も宇宙の中に浮かんでいる惑星の1つですから、一口に宇宙といっても何から考えればよいのか難しいですが、まずは最も身近な宇宙、つまり「宇宙」飛行士が活動する、国際「宇宙」ステーションを思い浮かべてください。宇宙飛行士が宇宙船に搭乗する際には頑丈な宇宙服を着ており、宇宙ステーション内で

65

は無重力状態でフワフワと浮かんでいる様子を想像されたと思います。そこから想像される宇宙のイメージは、「無重力」で「空気のない」空間だと思います。ところが、このどちらのイメージも実は正しくありません。宇宙ステーションにも地球の重力がしっかりと働いていますし、宇宙ステーション周辺にも空気、つまり酸素や窒素の原子や分子が少ないながらも確実に存在しているのです。

　しかし、実際に宇宙飛行士は無重力空間で実験などをしていますから、まだ納得していただけないかもしれません。そこで、国際宇宙ステーションが飛んでいる高さを身近なサイズのものと比較してみます。宇宙ステーションが地球を周回している高度は約400kmです。また、その地球の半径は約6,400kmです。これを半径6.4cmの手のひらサイズのリンゴに置き換えて考えてみると、宇宙ステーションの高度はリンゴの表面からわずか4mmしか離れていないことになります。この距離感を考えれば、宇宙ステーションは地球の重力圏から脱出できていないことが、おわかりいただけるかと思います。宇宙ステーションの周りの大気も非常に薄くはなっていますが、完全に真空とはいえない程度には存在しています。しかも、この非常に薄い大気の成分が、私たちの生活に様々な影響を及ぼしているのです。この点については、後半で述べることとします。

　それでは、なぜ宇宙飛行士は宇宙ステーションのなかで無重力「のように見える」のでしょうか。宇宙ステーションは地球の表面から「リンゴの皮」程度しか離れていないので、重力の大きさは地表と比べて十数％程度しか小さくなっていません。宇宙ステーションは地球に向かって落ち続けているのですが、それと同時に猛スピードで水平方向に移動しています。そのため、地上に激突することなく地球周辺を周回しているのです。水の入ったバケツを振り回しても水がこぼれないのと同じ理屈で、遠心力と重力が釣り合った状態なのでちょうど無重力状態になるのです。ちなみに、宇宙ステーションの速度は秒速約7.7kmで、約90分間で地球を1周します。日本上空を通過する際には、肉眼でも猛スピードで移動する宇宙ステーションを観察するこ

とができます。

「宇宙」はどこから？

　宇宙ステーションは、かなり地球に近いところを飛んでいるという点は意外に思われたかもしれません。東京から京都までの新幹線のレールをひょいと立てて登れば、宇宙ステーションを追い越してしまいます。とはいえ、宇宙ステーションと呼ばれているからには、リンゴの皮程度の高さであっても高度400kmは立派な宇宙です。では、宇宙とは高度何kmから始まるのでしょうか。最近は、民間でのロケット開発が盛んになり、日本でも数社が実際に打ち上げ実験を実施していますが、彼らがロケットの到達目標高度としてよく掲げる数値があります。それは高度100kmです。これが宇宙の入口の高さで、ここまでロケットを飛ばすことができれば、堂々と「宇宙ロケットの開発成功！」と名乗れるのです。これは国際航空連盟という組織が定めた境界線でカーマンラインとも呼ばれており、高度100kmより下を飛行するものを航空機、高度100kmを超えて飛行するものを宇宙機と呼んで区別するためです。なお、アメリカ空軍では、高度50マイル（約80km）を宇宙の入口と定義しており、例えば、民間の宇宙旅行会社では、高度80kmを超えて数分間無重力状態を体験するツアーが計画されたりしています。ここでは、高度100kmを宇宙の入口として先に進みますが、その上下で明確な違いがあるわけではなく、あくまでも便宜上定義された境界線という程度のものです。

　それでは、宇宙の入口である高度100kmはどのような環境なのでしょうか。冒頭で、標高の高いところは気温が低いということに触れましたが、エベレスト山頂よりもさらに上空から宇宙の入口までの気温はどのように変化するのでしょうか。エベレスト山頂は標高が約9kmですが、それよりもう少し高いところからは、気温は高度とともに上昇を始めます。この付近にはオゾン層があり、太陽からの紫外線を直接吸収することで気温が上がるのです。この領域は「成層圏」と呼ばれています。地表から宇宙の入口までの気温

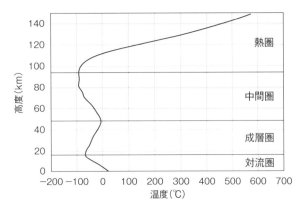

図1　地球大気の温度構造

の変化は複雑ですが、高度100kmを超えたあたりでは、さらにエネルギーの高い紫外線やX線を薄い大気が吸収するので、気温は急激に上昇します（**図1**）。また、地表付近の大気の成分は、窒素が約80%、酸素が約20%で、高度100km付近まではこの割合は一定です。ところが、高度100kmを超えたあたりから、大気の成分がよく混ざらなくなり、重い成分と軽い成分に分離を始めます。また、詳しくは以下で述べますが、太陽からの強いエネルギーを吸収した際に、酸素分子の結合が切れて酸素原子となったり、酸素原子から電子が飛び出して酸素イオンとなったりします。このように、高度100kmを境界として、周辺の大気の様子も大きく変化を始めるために、高度100kmが宇宙の入口とされているのです。

　逆に、宇宙ステーションから地球に帰還する際には、宇宙船で大気圏に「突入」することになりますが、高度100kmが大気圏に突入するための入口となります。高速で動いている物体が高度100km以下の大気圏に突入すると、その物体は激しく加熱されるため、宇宙を漂っている塵(ちり)などは流れ星として明るく光り、小惑星探査機「はやぶさ」のように人工衛星も最後は上空で燃え尽きてしまうのです。

「宙」と「空」の境い目には何がある？

宇宙では大気の様子が大きく変化すると書きました。つまり、「宇宙の入口＝大気の終わり」ではないのです。地球の大気は高度 1,000km 付近までは広がっていて、地球の重力に引っ張られて地球と一緒に自転していると考えられています。つまり、高度 100 ～ 1,000km の間、宇宙ステーションや多くの人工衛星が周回している領域は、大気でもあり、宇宙でもある領域なのです。宇宙ステーション高度での大気の密度は、地表と比べて 1 兆分の 1 程度と非常に薄く、その薄い大気が強烈な太陽エネルギーを浴びるため、気温が 1,000℃付近にまで上昇しており、「熱圏」と呼ばれています。また、大気の分子や原子がエネルギーを吸収した際に、その一部の原子のなかにあるマイナスの電気を持った小さな粒である「電子」が外に飛び出し、残された分子や原子はプラスの電気を帯びた「イオン」となります。この反応は「電離」と呼ばれており、イオンと電子に分かれた状態の物質は「プラズマ」と呼ばれています。蛍光灯やネオンサインは人工的に発生させたプラズマを私たちが利用している例ですが、宇宙の入口付近ではそのようなプラズマが自然につくられているのです。熱圏には、この電離したプラズマ粒子が多数存在しているので、「電離圏」や「電離層」とも呼ばれています。地表と比べて 1 兆分の 1 程度の大気成分のうち、そのさらに千分の 1 程度の成分が電離したプラズマとして存在しているのです。

　はるか上空の極めて少量のプラズマなど、私たちの生活とはまったく無縁のように思えますが、実は電波を使った無線通信、特に海外との遠距離通信の発展に非常に重要な役割を果たしてきました。さて、いったいどういうことでしょうか。

宇宙を伝わる電波

　現代の生活は、電波を使った無線通信がなくては成り立たないといっても過言ではないでしょう。ラジオ、テレビ、携帯電話、Wi-Fi、GPS（全地球測位システム）を使ったカーナビや地図アプリなど、日常生活に欠かせない必須のインフラとしてあらゆる場面で利用されています。電波は電気と磁気

の「波」ですので、何もなければ直進し、何かにあたれば反射するといった伝わり方をします。ところが、電波が宇宙に飛び出すと地上とは異なった伝わり方をします。電離圏のプラズマの中に電波が入ると、伝わる方向が変わったり、反射されて地上に戻ってきたりするのです。イタリアのマルコーニ博士は、1901年に大西洋を横断する無線通信を初めて実現しました。これは電波が電離圏と地上の間で反射を繰り返したおかげなのですが、当時はその理由はわかりませんでした。その後、1925年にイギリスのアップルトン博士は、上空に発射した電波が反射して戻ってくるまでの時間を測定し、実際に高度100km付近で反射すること、つまり電離圏までの距離の測定に成功し、電離圏の存在を実証しました。この両名は、いずれもノーベル物理学賞を受賞しています。この電波の特性が発見されたことを契機として、無線による海外との遠距離通信が盛んとなりました。短波帯と呼ばれる3～30MHzの電波が遠距離まで届きやすく、電離圏で反射されやすいため、海外との通信や飛行機、船との通信に古くから利用されてきました。アマチュア無線の愛好家は、電離圏の様子をモニターして、海外から送信された電波が受信されるチャンスを窺ったりしています。

　しかし、電波の伝わり方に影響を及ぼすということは、望ましくない影響を受けてしまうこともあります。電離圏よりさらに上空を周回する人工衛星、例えば気象衛星やGPS衛星は、地上の受信機に向けて電波を送信しますが、GPS衛星から地上に電波が届くためには、必ず電離圏を通過することになります。その際に、電波の伝わる速度がほんの少し遅くなるという性質があります。そうすると、送信された電波が受信機に届くまでの時間がわずかに長くなるので、位置の推定に誤差が生じます。電離圏の状況が正しく観測できていれば、この誤差の影響はあらかじめ取り除くことが可能です。また、電離圏のプラズマが非常に乱れた状態になると、電波が正しく受信できず、必要な情報をうまく取り出せなくなることがあります。通常は、できるだけ多くのGPS衛星からのデータを使った方が誤差は小さくなるのですが、このような場合は、乱れた電離圏の方向にあるGPS衛星のデータを使わない

ようにするなどの対策が必要になります。最近では、車の自動運転、工事現場、農作業など、様々な業種でGPSによる位置情報を利用した無人化が急速に実用化され始めています。GPSの測位誤差が重大な事故につながる可能性もありますので、電離圏の状態を正しく観測すること、電離圏が今後どのように変化するのかを予測することが、非常に重要な課題といえます。

宇宙の天気予報

　電離圏の状況だけでなく、太陽から地球までの宇宙空間の現象が社会生活に及ぼす影響を総括して「宇宙天気」現象と呼んでおり、日本では総務省が中心となって予報業務を行っています。2022年に総務省から発表された報告書[1]では、太陽フレア爆発等の極端な宇宙天気現象によって、通信・放送・測位、人工衛星、航空無線、電力などの社会インフラに異常を発生させ、社会経済活動に多大な影響を与えるおそれについて述べられています。例えば、通信・放送が2週間断絶して社会経済に混乱が生じる、GPSの測位誤差が数十mに達してドローンの衝突事故が発生、多くの人工衛星に障害が発生、航空機・船舶の運航スケジュールが大幅に乱れるなどの被害予測があげられています。宇宙天気現象は、地震や火山といった自然災害と同じく、発生した際の被害を最小限に留めるための対策が必要で、国家全体としての危機管理や、社会的影響を考慮した予報・警報基準の導入が提言されています。

　このような現象と影響を社会にわかりやすく伝えるための役割として、「宇宙天気予報士」制度の創設も提言されています。そう遠くない将来、私たちが気軽に宇宙旅行に行けるようになる頃には、毎朝の日課として天気予報と宇宙天気予報を確認するようになっているかもしれませんね。

[参考文献]

[1]「宇宙天気予報の高度化の在り方に関する検討会」報告書、総務省国際戦略局宇宙通信政策課、令和4年6月21日

レーダー大気圏科学研究室　横山　竜宏

宇宙空間とは、どんなところ？

人間が手の届く宇宙

　「宇宙」、ここでは私たち人間が手の届く場所の宇宙、きっと、いつか生活できそうな範囲の宇宙を考えます。そうすると、だいたい太陽系くらいの範囲ですね。巨大なエネルギーを宇宙空間に放出し続けている太陽と、そのまわりを回っている惑星たち。このくらいであれば人間自身が、あるいは人間がつくり出した探査機などが到達することができる範囲の宇宙です。この探査機が届いている最も遠いところというと、アメリカの探査機ボイジャー1号、2号（いずれも打ち上げは1977年）が太陽系の果てまで到達していると考えられています。

　では、逆に地球に近いところはどうでしょう。ここは、すでに利用が始まっているのを、みなさんも感じていらっしゃると思います。地球上で日々生活をしている私たちが、この文章を書いている2024年の時点で、宇宙の利用をもはやあたり前のことのように感じていること。スマートフォンでGPS衛星から自分の位置を知って、目的地までの道順が確認できたり、天気予報で気象衛星ひまわりの画像が見られたり、BS放送が見られたりする。そして、国際宇宙ステーション（ISS）で日本人宇宙飛行士が生活している、などなど。特に気象衛星の雲の画像は圧巻です。空を見上げて変わった形の雲を見つけたら、同じ時間帯のひまわりの雲の画像を見てみると面白いですよ。こんな大きな雲の一部が、目の前に見えているんだ、って。

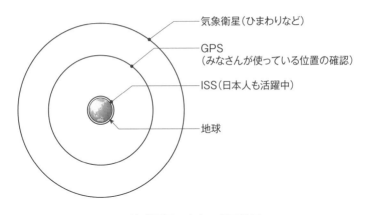

図1　地球周辺の宇宙の利用範囲

　こんな身近になっている宇宙ですが、**図1**をご覧ください。これは地球の大きさと比べて国際宇宙ステーションなどが、どの程度の高さにいるかを描いてみたものです。どうですか。地球のほんの近くの宇宙しか私たちは利用していないことが実感できませんか。国際宇宙ステーションに至っては、地球の表面すれすれを飛んでいるようなイメージです。国際宇宙ステーションに向かうロケットの打ち上げをご覧になった人は多いと思いますが、ものすごい大きなロケットエンジンで燃料を燃やして飛んでいきますよね。地球の表面近くを飛ぶためだけなのに、地球の重力に勝つためにあんなに大きなエネルギーが必要なのです。やっぱり地球ってすごい。では宇宙空間はどのような環境になるのか、次にお話ししましょう。

宇宙空間の環境

　人間が宇宙空間を利用するにあたって、宇宙空間の環境というものが、どのようなものであるか知る必要がありました。それらは膨大な知識となって、いまの私たちの宇宙利用に役立てられています。それらのなかには、人間がロケットや人工衛星を利用できる前から知られていることもあれば、初めて宇宙に科学衛星などを飛ばして観測してわかったこともあります。そして、まだまだ未知の部分もたくさん残っています。それらをまとめると、教科書

何冊もの量が必要なくらいです。重力は地球上よりも大きかったり、小さかったり様々です。また、宇宙空間に出てしまうと、放射線の影響も大きくなります（地球上にいるときは、地球の磁場や大気が放射線から私たちを守ってくれています）。書き出したらきりがありません。ここでは、宇宙空間の大気に絞ってお話ししましょう。

宇宙空間の大気

　宇宙空間は「無」の世界というのは誤解です。宇宙空間はプラズマで満たされています。「プラズマ」、ここで聞き慣れない単語が出ました。物質には、「気体」、「液体」、「固体」という3つの状態があることをご存知の人も多いと思います。これに対してプラズマというのは、第4の状態と呼ばれることがあります。プラズマは、プラスの電気を持つ原子核と、マイナスの電気を持つ電子がバラバラになった状態のことをいいます。

　図2を見てください。水素元子を考えてみます。通常は、原子核のまわりを電子が1個回っています。これに外からエネルギーが加わって、電子が原子核から引きはがされて、回らずに動き始める状態になっているのがプラズマです。プラズマ状態の例としてよくあげられるのが、いまやだんだんLED照明に置き換えられている蛍光灯（のなかの状態）や雷です。このよう

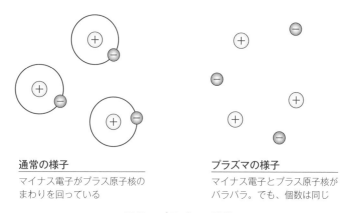

通常の様子
マイナス電子がプラス原子核のまわりを回っている

プラズマの様子
マイナス電子とプラス原子核がバラバラ。でも、個数は同じ

図2　プラズマの状態

な例を見ると、プラズマは「電離した気体」といってもいいと思います。この
プラズマに宇宙空間は満たされているのです。私たちが宇宙空間で生活をす
るということは、この「プラズマ大気」のなかで生活をするということになり
ます。

　一方で、地球上の大気は「中性大気」と呼ばれます。中性大気では一般に、
図2の左のようにプラスとマイナスがセットで存在していて、電気的に中性
（人間からは、プラスとマイナスが打ち消し合って見えます）なので、地上で
風が吹くということは、電気的に中性になっている風が吹いていることにな
ります。一方で、プラズマ大気中では、プラスの原子核とマイナスの電子は
数としては、同じだけ存在するのですが、その運動がお互いに束縛されにく
いので、風が吹く、つまり、プラズマ大気に流れが発生すると、そこにプラ
スの電気とマイナスの電気がバラバラに存在して流れていき、中性大気とは、
まったく違った電気的な現象が発生します。難しい言葉でまとめるとすると、
中性大気の運動とプラズマ大気の運動とでは、それを表す方程式がまったく
異なってくるのです。

2種類の宇宙プラズマ

　太陽系空間を満たしているプラズマ大気には大きく分けて2種類ありま
す。1つは、惑星大気の上層部が太陽からの紫外線でプラズマ化している「惑
星大気プラズマ」、もう1つは、太陽の大気が宇宙空間に流出した「太陽風プ
ラズマ」です。

　惑星大気プラズマは、大気を持っている惑星に存在します。地球にも存在
します。「電離圏（電離層）」と呼ばれているもので、電波を反射するため、古
くから遠距離通信に使用されてきました。この電離圏は本書の「「宙」と「空」
の境い目」で詳しく説明がありました。太陽風プラズマは、惑星と惑星の間
の空間（惑星間空間）を埋めている太陽の大気プラズマの高速流です。普通の
状態で、地球の軌道上で秒速数百kmの速さ（リニア鉄道に比べて数千倍の
速さ）です。もっとも太陽風プラズマの密度は非常に小さく、地球の軌道上で、

75

数個/cc です。太陽系宇宙空間は主にこのような2種類のプラズマで埋めつくされ、人工衛星にせよ、宇宙ステーションにせよ、将来の火星行きの宇宙船にせよ、このようなプラズマ大気中で活動することになります。

太陽がもたらすエネルギー

先に、2種類のプラズマについてお話ししましたが、そのいずれにも「太陽」がかかわっていることに気づかれましたね。惑星大気プラズマは、惑星の大気が、「太陽」からの紫外線で電離されたもの、太陽風プラズマは、「太陽」の大気が宇宙空間に流出したものです。太陽系宇宙空間において、太陽は一大エネルギー供給源になっています。

太陽からもたらされるエネルギーに関連して有名なものに、「太陽定数」と呼ばれるものがあります。地球の軌道上で、どれだけのエネルギーが（電磁波によって）太陽から供給されているかを示すものです。この値は1m四方（1m×1m）で、約1.37kWです。この値は、時間的にほぼ一定です。もちろん変化はしますが、それほど大きな変化はしません。もっとも、この微妙な変化が地球の気候に影響を及ぼしている可能性は否定できません。研究中です。これは電磁波によってもたらされるエネルギーです。ここで電磁波というのは、様々な波長を持つガンマ線、X線、紫外線、可視光、赤外線、ラジオ波などの総称です。それとは別に、先ほど説明した太陽風プラズマも、太陽からもたらされるエネルギーともいえます。これら宇宙空間に太陽から供給されているエネルギーは、通常は大きな変化はないのですが、突発的に急上昇する場合があります。それが太陽の表面爆発で「フレア」と呼ばれる現象と、それと関連していると見られる「コロナ質量放出」です（**図3**）。

フレアは、太陽の表面で発生する爆発的なエネルギーの放出現象で、電磁波や高エネルギーの水素原子核によるエネルギー放出が主役です。電磁波の場合、光の速度で飛んできますので、地球に到達するのに約8分かかりますが、光の速度で地球に到達するわけですから、太陽観測によりフレアが発生したと私たちが地球の軌道上で知ったときには、すでにX線などを浴びてい

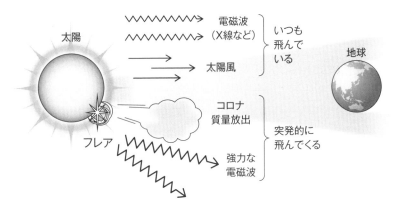

図3　太陽から飛んでくるもの

ることになります。

　一方、コロナ質量放出というのは、フレアに続いて発生することが多いのですが、太陽大気の上層部（プラズマ）が大量に宇宙空間に放出される現象です。太陽風は、そもそも太陽の大気の宇宙流出ですので、その太陽風がプラズマの塊となって一挙に宇宙空間に放出される現象ということになります。その量は、一度に数十億ｔ（トン）のプラズマが太陽から飛び出すということになります。速度は通常の太陽風よりも速いことが多く、地球軌道に到達するのに数日を要します。通常の太陽風を追い抜いて進んでいくため、そこに「衝撃波」というものが発生して、そこから高いエネルギーのイオンが発生することもあります。

　このような太陽からの突発的なエネルギーの供給は、宇宙空間で暮らす人類に少なからず影響を与えると考えられます。X線などの放射線と呼ばれる高いエネルギーの電磁波や粒子（イオン、電子）は、宇宙空間でステーションのような構造物のなかにいても被ばくしてしまい、健康に悪影響を与えることは間違いありません。太陽風の塊であるコロナ質量放出は、宇宙空間に浮かぶ構造物の電気の帯び方を急激に変えてしまい、電子機器の誤動作につながることもあります。ここでは地球上で暮らす人類に対するこれらの影響については触れていませんが、この太陽の突発的なエネルギー供給の変化は、

地球上で暮らす私たちにも影響を及ぼします。このように、宇宙空間の環境というものは太陽によって決められ、太陽がきっかけとなって変動します。これは地球上で暮らす人類、宇宙空間で暮らす人類に対して大きな影響を与えることから、その太陽と宇宙環境の変動を予測しようとする試みがなされており、それを「宇宙天気予報」と呼びます（「「宙」と「空」の境い目」参照）。宇宙天気予報の研究は、多くの研究者が取り組んでおり、近い将来、宇宙環境の変動や地球への影響の予報が正確にできるようになると期待できます。

宇宙での生活に向けて

　最初にお話ししたように、私たちの宇宙利用は、まだ地球をちょっと飛び出したくらいです（特に人間が直接暮らしているところは）。これがいま、月へ、そして、月から火星へと、人間が直接おもむく計画が始まっています。月には地球のような大規模な磁場がありません。大気もありません。なので、太陽からの放射線やプラズマが直接月面まで到達してしまいます（地球上はその意味で、磁場、大気のバリアに守られています）。火星に行くには、片道1年くらいは宇宙船のなかにいて、これもやはり宇宙環境とその変化に長時間さらされていくことになります。宇宙環境には、ここでは書ききれない、もっと多くの人間生活に影響を与える現象があります。宇宙で発生する「事件」、宇宙が引き起こす「事件」は、地球上で発生する事件ほど頻繁ではありません。ただ、ひとたび起きると、そのエネルギーは莫大で、甚大な事件につながります。小惑星の地球衝突が恐竜の絶滅につながったかもしれないというのは、その良い例だと思います。宇宙の環境変動とその原因を明らかにすること、それが私たち研究者の、大きな使命の1つになっていると思います。

宇宙圏電磁環境探査研究室　小嶋　浩嗣

月での暮らし、地球の暮らしと何が違う？

月、それは人類が目指す新しい生活の地

　地球のまわりを回っている月は、私たちにとって馴染み深い存在です。夜空ではどの星よりも存在感があり、「月ではうさぎさんがお餅つきをしている」というような話を聞いたことがある人もいるかと思います。また、『かぐや姫』は月と関連のある物語で、昔の人たちにとっても、月が馴染みのある存在だったことが感じとれます。

　1969年、人類はアポロ計画により初めて月に降り立ち、1972年まで有人探査を行いました。それ以降、人類は月へ降り立っていませんが、定期的に月を周回する人工衛星を送り込み、地形などの探査を継続しています。私たちの国日本でも、2008年にかぐや衛星が月を周回し、2009年まで科学的な観測を実施しました。近年では、アメリカや中国、インドなどが月へ着陸機を送り込み、月面の探査を本格的に進めています。日本でも2024年1月に、SLIM探査機が月面への着陸を果たし、月面の探査を実施しました。

　近年、月面の探査が盛り上がりを見せているのは、月面を人類の新たな生活の地とする計画が進んでいることが要因です。現在、アメリカを中心として、月を周回する宇宙ステーションを構築した後に基地を開発し、地球から離れた太陽系の惑星を探査する拠点を立ち上げる計画が進行中です。近い将来、人類がこの月面基地に長期間居住する時代が到来するのですが、月面にはどんな環境が広がっているのでしょうか。

月って、どんなところ？

　月面の環境を考える前に、月の基本的な性質を整理したいと思います。月は地球から60地球半径（1地球半径は約6,400km）ほど離れたところを周回し、27.32日で地球のまわりを1周する公転運動をしています。公転運動に加えて月は地球と同様に自転しており、自転に要する時間は27.32日で、公転の時間と同じです。このことから、月は常に地球に同じ面を向けており、地球から月の裏側を見ることはできません。自転に27.32日かかるということは、太陽の光があたる昼と、あたらない夜の時間は、それぞれ約2週間程度続くということになります。

　月の重力は地球の1/6程度と小さく、物体を月に引きつける力が弱いことがわかります。これに起因して、月には地球のような濃い大気はなく、宇宙と月の表面が直接触れ合うような環境になっています。濃い大気がないことにより、地表面の温度が昼と夜で大きく異なっており、月の昼の赤道付近では110℃、夜では−170℃と、とても大きな温度差があります。このような環境では、液体の水が存在することは非常に難しく、月の表面が地球とは大きく異なり、地表面での暮らしは通用しないことが容易に想像できます。月で生活していくには、私たちが生活しやすい環境が整った基地が必要で、月の表面で活動する際には、宇宙服の着用が必須でしょう。

月を取り囲む宇宙環境

　月は宇宙空間に浮かんで地球のまわりを自転・公転運動していますが、その宇宙空間は、太陽から噴き出す太陽風によって満たされています。太陽風を構成する電気を帯びた気体であるプラズマと磁場が、地球の持つ大規模な磁場と相互作用することにより、地球磁気圏を形成します。地球磁気圏は、太陽に近い側で10地球半径、太陽と反対方向には200地球半径以上まで広がっています。月の公転する軌道は、太陽風の領域と地球磁気圏の領域にまたがっており、公転の時期によって、太陽風プラズマ・地球磁気圏プラズ

マにさらされることになります。月は、おおよそ公転運動の8割が太陽風のなかに存在し、残りの2割が地球磁気圏内に存在することになります。

　月と地球の環境の大きな違いとして、表面が直接、宇宙と触れ合っているかどうかという点があげられます。地球の場合、大規模な磁場と濃い大気が宇宙空間のプラズマや高エネルギー粒子をブロックしてくれます。まず、太陽風のプラズマの大部分は、地球の固有磁場によって流れの向きを変えられ、地球の近くにまで到達することはありません。太陽風のプラズマの一部や、太陽表面での突発的な爆発現象で発生する高いエネルギーを持つ電気を帯びた粒子（荷電粒子）、太陽系の外から定常的にやって来る高エネルギー荷電粒子（銀河宇宙線）は、地球の固有磁場の内部にまで入り込むことがありますが、それらは地球の濃い大気の領域まで入り込むと、大気を形成する分子や原子と衝突して消滅します。そのため、地表面での生活では、宇宙空間のプラズマの存在を意識することはほとんどありません。

　では、濃い大気を持たず、地球のような強い固有磁場も持っていない月の場合、どうなってしまうのでしょうか。太陽風のプラズマや、非常に高いエネルギーを持つ荷電粒子は、さえぎられるものがないために、月の表面に容易に到達します。このため、月面での暮らしを考えるうえで、宇宙空間に存在するプラズマとのつき合い方は非常に重要な要素です。人類の宇宙空間での長い期間での活動の場として、地表面から高度400kmを周回する国際宇宙ステーション（ISS）があげられます。ISSの周回する高度は、地表面と比べれば大気の密度は低いものの、地球の固有磁場によるバリアが十分に機能している領域です。そのため、ISSで得られた知見のみでは、月の暮らしの安全性を保証することに難しさがあります。例えば、月の表面では、ISSの高度までは到達しない高エネルギーのプラズマにさらされる可能性があります。この高エネルギーのプラズマは、人体や電子機器に悪影響を及ぼす可能性があり、防護の方法などを十分に検討する必要があります。

　さて、月に濃い大気が存在していないことは、月の表面にクレーターと呼ばれる地形が多く存在していることと密接に関係しています。地球では、夜

空を見上げると、時折流れ星を見ることができます。この流れ星は、宇宙空間に存在している細かなチリや岩石が地球の大気へ突入し、大気との摩擦熱で燃え尽きる際に発する光に対応しています。月の場合、大気がないために、宇宙空間に存在しているチリや岩石は直接、月面に到達します。

図1　月面に形成されている縦孔とその内部のイメージ

そのため、月面は常に空から石ころが降ってくる脅威にさらされているということができます。地球においても、隕石が家屋に損害を及ぼす事例がありますが、月面に基地をつくった場合、はるかに高い頻度で隕石による被害が起きる可能性があります。月面での隕石による被害を避けるために、月に自然と形成されている「縦孔」を利用し、そのなかに基地をつくるという構想があります。縦孔の内部は空洞が広がっていると考えられており（図1）、隕石を避けて基地を設置するのに好条件です。また、縦孔の内部では、銀河宇宙線による影響も低減できると見積もられています[1]。こういった地形を調査し、将来の月での暮らしに役立てていくために、月面での探査は重要となります。

月の表面は電気とホコリまみれの世界

　プラズマを構成しているイオンと電子は、それぞれプラスとマイナスの電気を帯びており、これらの粒子が到来する月面は、電気を帯びていることが知られています（月面帯電）。月面の帯電は、①月面に入ってくるイオンの量、②月面に入ってくる電子の量、③月面に太陽光が照射された際に放出される光電子の量で決まると考えられています。光電子は、光が物質に入射し

た際に、「光電効果」という現象によって、物質から放出される電子のことを指します。また、イオンと電子では、質量が約2,000倍以上異なることから、電子がより速く動くことができ、イオンに比べて、電子が入射する量が多くなることが知られています。①と③の過程は主に月面をプラスに帯電させ、②の過程は月面をマイナスに帯電させる要因です。①、②と③の量が見かけ上、つり合ったとき、月面の帯電量が決まります。太陽光が照射されている領域では、月面に流入する電子と、月面から放出される光電子の量のバランスによって月面の帯電状態が決まります。

　一方、太陽光の照射がない領域では、月面に流入する電子によって帯電の状態が決定されます。この帯電は、月全体のスケールから、クレーターなどの地形の規模、さらには月の表面を覆う小さな砂粒（レゴリス）1粒にまでわたって発生していると考えられています。電気の力は、同じ電気の符号を持つものが近づくと反発し合う性質があるため、プラスに帯電した月面に、プラスに帯電したレゴリスが存在している場合には反発し合い、レゴリスが舞い上がると考えられています。表面が尖った小さな粒であるレゴリスは厄介な存在で、宇宙服に吸着したりあちこち隙間に入り込んだり、取り除こうと安易にこすると表面をすり減らしたりして、機器に悪影響を及ぼすことがアポロ計画の頃にわかっています。また、アポロ17号で月に降り立ったHarrison Schmitt宇宙飛行士は、せきが止まらなくなるといった呼吸器の障害を経験しました。これは、宇宙服に吸着したレゴリスを宇宙船の中に持ち込んだことにより吸い込んでしまい（**図2**）、呼吸器に悪影響を及ぼしたと考えられています。機器の障害、さらには人体に悪影響を及ぼすこの帯電レゴリスとうまく付き合っていくために、筆者たちは、月面帯電やレゴリス浮遊がどう起こるかを理解するための研究を行い、電気の力の源となっている「月面の電場」を測定する装置の開発を目指しています。

　月面での帯電と月での暮らしについて、少し具体的に考えてみたいと思います。前述した縦孔は、隕石から逃れるにはよいかもしれませんが、帯電の観点ではどうでしょうか。月面に太陽光が照射されている領域に存在する縦

孔を考えてみましょう。縦孔のなかには、太陽光があたる部分とそうでない部分ができ、それぞれの領域は、プラスとマイナスに帯電していると予想されます。月面には太陽光があたり、プラスに帯電したレゴリスが舞い上がって飛び回り、一部は縦孔のなかに入っていくでしょう。ここで、電気

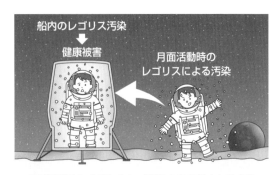

月面活動時に吸着したレゴリスを宇宙船内に持ち込んだことにより、宇宙船の内部がレゴリスで汚染され、健康被害を起こしたと考えられている

図2　レゴリスで汚染された宇宙服

の力は、逆の符号に帯電している物体同士は引き付け合う性質があります。このことから、月面の帯電レゴリスは、縦孔のマイナスに帯電した部分に向かって吸い込まれていくことが予想されます。この思考実験の結果は、同様な条件を仮定したスーパーコンピューターによる数値計算によって正しいことがわかっています[2]。縦孔のなかに住んで隕石は逃れたとしても、場所によっては、月面のレゴリスが大量にやってくる可能性があるのです。

　月で暮らしていくためには、月に特有の隕石、プラズマ、そして電気を帯びた月面と帯電レゴリスとの共同生活をこなしていく必要があります。特に月面の帯電とレゴリスに関しては観測データが非常に少なく、筆者たちが進める研究と、開発を進めている電場の測定装置が、月面での暮らしに重要な意味を持っています。

[参考文献]
[1] Masayuki Naito, et al.：J. Radiol. Prot., Vol.40, pp.947-962, 2020
[2] Yohei Miyake, Masaki N. Nishino：Icarus, 260, pp.301-307, 2015

宇宙圏電磁環境探査研究室　栗田　怜

ミライの電気は宇宙からやって来る!?

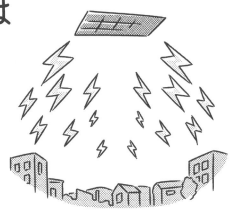

なぜ「生存圏」に電波？

　生存圏を地球の上だけで考えるのはマルサスの人口論を引用するまでもなく、そろそろ限界にきているのではないでしょうか。今後は、地球という限られた場所でケンカし合うよりも、宇宙まで人間の活動を広げることでみんなが満足して暮らせるようになるのではないかと考えています。しかし、宇宙まで人間の活動を広げるといっても、月面基地や火星移住やスペースコロニーの建設は、まだまだ時間がかかりそうです。その前に地球が破綻してはもとも子もありません。

　そこで、宇宙技術をさらに発展させつつ、その間に地球環境問題を何とかすることができる技術として、「宇宙太陽発電所 SPS（Solar Power Satellite）」が考えられています。SPS とは、宇宙に設置された巨大な太陽電池から地球へ 24 時間休まずに電力を供給する太陽光発電システムです。太陽電池を地上に置くと、夜には発電できないので、停電させないためには結局他の発電所のバックアップがいりますが、同じ太陽電池を宇宙（地球の影に入らないため夜にならない場所）に置くだけで、地上が夜でも雨でも安定して発電できるようになり、二酸化炭素（CO_2）排出量もさらに減らすことができるのです。CO_2 排出量（g-CO_2/kWh）は、発電しているときの CO_2 排出量だけではなく、発電所建設や廃棄の際の CO_2 排出量も考えて、発電所のトータルライフサイクルで計算します。太陽電池を地上に置くと夜や雨

の際に発電できないため、トータルライフでの発電量が非常に少なくなり、結果、CO_2 排出量は思っているよりも少なくはならないのです。SPS は地上が夜でも雨でも安定して発電できるため、トータルライフでの発電量が 7 〜 10 倍になり、CO_2 排出量が非常に小さくなるのです。

　SPS はこれまで世界中で検討され、様々なデザインがあるのですが、**図 1** は一番わかりやすい SPS の想像図です。アメリカで最初に詳しく検討されたものです。いま、人工衛星はほぼすべて宇宙で太陽光発電を利用していますので、SPS はその技術の延長線上で建設できます。ただ、太陽電池と送電アンテナの大きさが数 km サイズの SPS が発電所として経済的にベストとされていますので、数 km、重さ 1 万 t（トン）強の巨大な宇宙構造物の打ち上げ技術と、衛星軌道上での建設技術が課題となっています。これらの

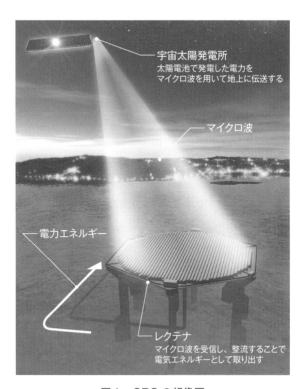

図 1　SPS の想像図

課題をクリアできれば、月面基地建設やスペースコロニー建設技術へもつながると考えています。

SPS はいま、日本を含む世界中で研究プロジェクトが走っていて、各国とも大体 2050 年くらいの実現を目指しています。まずここ 100 年くらいで SPS を含め、宇宙を活用して地球閉鎖系の生存圏から宇宙開放系への生存圏を構築し、さらに 1,000 年くらいで宇宙移民までいければすばらしいですね。

ただ、SPS の問題は、どうやって宇宙から地上へ電気を送るかという点にあります。なぜなら発電場所は宇宙にあるのに、電気を使いたい私たちが地上に住んでいるからです。人工衛星と地上とを結ぶ「宇宙エレベーター」という構想があり、もしこれが実現できれば、エレベーターでつながった SPS と地上との間に送電線もつなげばいいので問題は解決します。しかし、宇宙エレベーターは構造や強度の問題で多くの課題があり、その実現は火星移住やスペースコロニー建設とどっちが早いかレベルの将来技術となります。SPS は、それらよりももっと早く実現したいため、SPS と地上とを線で結ぶことが当面できません。そこで、テレビや携帯電話などで使われている「電波」を使って、線をつながずに電気を送る技術が研究されています。電波はどんなに遠くても届くため（弱くはなりますが）、宇宙からでも情報を送ることができます。ですので、宇宙開発は電波なしにはできません。そして、実は電波はエネルギーでもあり、遠く離れた場所へエネルギーを送ることもできるのです。身近な例は電子レンジです。電子レンジは英語で「microwave oven（マイクロウェーブ・オーブン）」といい、マイクロ波という電波の一種によってものを温めています。マイクロ波を熱エネルギーとして利用しているのです（「**電子レンジでカンタン、化学反応？**」参照）。

同じマイクロ波を使って、最後は熱ではなく、電気エネルギーに変換することもできます。この技術が「ワイヤレス給電」と呼ばれる技術で、100 年以上前に最初の実験が行われ、1960 年代から実用的な研究が始まっています。SPS は 1968 年に初めて提唱されたのですが、当時、研究開発が行わ

87

れていたワイヤレス給電の技術の応用として考えられました。SPSのために必要な技術のうち、打ち上げ技術や太陽光発電技術はすべての宇宙開発で使っていてたくさん研究がされていますが、ワイヤレス給電はまだ私たちの身のまわりにないため、この技術の研究がSPS実現のカギを握ると思っています。

電波で電気を送る？

ワイヤレス給電は、100年以上前に最初の実験が行われていることからわかるように、電波の基本原理に基づいた技術ですので、そもそも「やればできる」技術なのです。では、SPS実現のためにもう研究することは何もないのでしょうか。SPSは発電所ですので、発電した電気を売ってビジネスとして成立させなければなりません。そのためにはワイヤレス給電の効率をもっと上げる必要があります。ワイヤレス給電は電気を電波に変換する回路技術、電波を送電目標に高効率で送るアンテナ技術、受け取った電波を電気に戻す回路技術の3つの技術が最低限必要で、それぞれの効率をもっと上げるための研究が必要です。回路には半導体を使いますが、半導体の性能で変換効率の上限がほぼ推測でき、回路設計でその限界の理論効率にどこまで近づけるかを目指します。送電側の回路と受電側の回路がありますが、送電回路の設計思想を取り入れながら主に受電回路の開発を行うことも重要です。

受電回路はダイオードという半導体を用いた整流回路（電気の流れる方向を一定にする装置）と、電波を受信するアンテナが一体となったもので、「レクテナ」と呼ばれています。レクテナは遠くから送られてくる電波を直接電力に変換する装置です。筆者たちは、90％を超える世界最高の変換効率を持つ整流回路の開発に成功したり、新しい高効率整流回路の提案をしたりしています。送電側には半導体回路の開発も重要ですし、マグネトロンを用いる研究開発も行われています。マグネトロンはマイクロ波を高効率に発振できる真空管で、電子レンジに使われています。非常に安価である代わりに、発振される電波（マイクロ波）の質が悪いという弱点がありました。筆者たち

は、その弱点を克服して質が良く、制御しやすいマイクロ波を発振する新しいマグネトロンの開発に成功し、特許もたくさんとっています。

　高効率のアンテナ技術も重要な研究テーマの1つです。アンテナのなかでも、ユーザーの位置が動いても正確に高効率にマイクロ波ビーム方向を制御するアンテナ技術の研究が中心となっています。フェーズドアレーアンテナという技術で、大気観測用のレーダーにもたくさん用いられています。フェーズドアレーアンテナは小さなアンテナをたくさん同時に用いて、それぞれの小さなアンテナから出す電波のタイミング（位相）を制御して放射し、好きな方向へ電波ビームを向けたり、好きな形のビームをつくったりすることができます。フェーズドアレーアンテナをより高効率に、より高精度に、より安価にするための研究が最も重要です。新しい低損失のハードウェアの開発も必要ですし、ビーム形状を高効率化、最適化するための最適化アルゴリズムの開発も重要です。これらの研究を組み合わせることで、SPS で必要とされる数 km という超巨大でかつ高効率、高精度なフェーズドアレーアンテナを実現できるはずなのです。筆者たちは、これら各要素の研究を行いますが、それらを組み合わせ、工学的に実現できる構造でかつ電気的に実現できるシステムの研究も行っています。

電気が空気のようになる世界

　SPS は 2050 年頃の実現を目指して世界中で研究開発が加速していますが、カギとなるワイヤレス給電はこれまで SPS のための研究がほとんどであったため、ロケットや太陽電池の発展に比べると研究のすそ野が狭く、研究の進展が遅かったです。そこで SPS 実現のためには、SPS 以外にもワイヤレス給電が使える新しい応用を考え、研究の仲間を増やして研究を加速する必要があると考えます。そして研究を加速するためには、大学だけで研究をしていたのではダメで、ワイヤレス給電の SPS 以外の産業が発展することが必要だと考えます。産業に基づく技術はたくさんの研究開発が行われるので進展も早いのです。

それでは、どのようなワイヤレス給電の応用が考えられるでしょうか。近年、みなさんの携帯電話や携帯ゲーム機が充電池で動くようになり、電池の充電が気になるようになりました。20世紀の携帯ゲーム機は充電式ではなく、普通の乾電池が電源でしたので、充電ではなく電池の交換を行っていました。電池の充電が気になるようになると、「いつでもどこでも電池を充電したい」という要求が生まれるようになります。この要求に応えられる技術として、2010年頃からワイヤレス給電に注目が集まるようになってきました。最初は携帯電話の充電をケーブルでつながずに、充電パッドの上に置くだけで充電できるワイヤレス充電器の普及が始まりました。いま海外に行くと、空港の待合室や特急列車にワイヤレス充電器が備えつけてあります。

　これはSPSと同じワイヤレス給電仲間ではあるのですが、電波を使うのではなく磁場を使ってワイヤレス充電をする技術で、送受電間の距離はほとんどとれません。そこで、さらに電池のワイヤレス充電の利便性を上げるために、SPSでも用いられる電波を用いたワイヤレス給電の実用化に近年注目が集まっています。電波を用いたワイヤレス給電は相手がどこにいても、動いていても自動的に電波エネルギーを送ることができます。ユーザーがレクテナを持っていれば、レクテナに電波が当たれば電気を受け取ることができます。極端な話、レクテナを持っていればテレビや携帯電話の電波からも弱いながらも電気を得ることができるのです。これは「環境発電」、「エネルギーハーベスティング」という別の名前で呼ばれることもある技術です。また、フェーズドアレーアンテナ技術があれば、さらに高効率に移動する相手に向けて電波ビーム方向を制御できます。

　日常生活空間でワイヤレス給電を実用化するための課題は、電波の安全性の確保と、既存通信電波との干渉抑制になります。技術的にはSPSのような大きな電力を宇宙からも送ることはできるのですが、強すぎる電波は人への安全性に問題が起こりますし、他の通信電波と干渉してしまうため、勝手にワイヤレス給電を行うわけにはいかないのです。現在日本で実用化されつつある電波を用いたワイヤレス給電では、非常に弱い電波エネルギーの放射

のみが許可されていて、安全性を確保し、干渉を抑えるようになっています。国内のみならず、世界ではたくさんのワイヤレス給電を推進するベンチャー会社が商品を販売し始めています。当研究所発のベンチャー会社も活発に活動しています。まだ、ビジネス用途ばかりで、私たちの目に触れるところに電波を用いたワイヤレス給電製品はありませんが、アメリカでは Amazon.com で携帯ゲーム機を電波で自動的に充電する製品を買うことができます。しかしまだ、特に日本では許可されているワイヤレス電力が非常に弱く、微弱電力で動作できるセンサーなど IC デバイスや小型液晶ディスプレイなどにユーザーが限られており、ワイヤレス給電への期待に応えきれていません。そこで、フェーズドアレーアンテナによるビーム方向制御技術はその解決方法の 1 つになります。フェーズドアレーアンテナ技術を用いると、人のいる方向には電波ビームを向けないようにするとともに、必要ない方向の電波を抑制して干渉を抑えることができるようになります。アメリカのワイヤレス給電のベンチャー会社は、特殊なフェーズドアレーアンテナ技術で特許を取得しており、その技術に基づいて欧米で製品展開をしています。

　近い将来、Wi-Fi と同じように、気がつかないうちに電気エネルギーが電波で送られてきて電池を充電できる世のなかになると思います。現代では電気は空気と同じように、私たちが生きるのに絶対必要なものです。いまはまだ電気は意識してコンセントにつないで利用するか、コンセントにつないで電池を充電しなければいけませんが、ワイヤレス給電技術があれば、電池の充電を気にすることなく電気がどこでも利用できますし、電池がなくても動作する電気製品もできます。空気と同じように、重要だけれども意識されることはない電気、「電気って何？」と電気の存在を知らなくても電気が使える世界、そんな世界をワイヤレス給電で実現したいと思います。そして、その先には宇宙で発電した電気が地上で使える SPS 用とビジネス用、同じワイヤレス給電技術が、私たちの人間生活圏をより快適にし、さらに生存圏を宇宙圏へと広げることができるのです。

生存圏電波応用研究室　篠原　真毅

宇宙で木を育てる

　「宇宙で木を育てる」と聞いて、みなさんはどんなことを思うでしょうか。「そんな無茶な」とか「何のために？」といったところかなと思います。いますぐやるとなると、これは「そんな無茶な」話なのですが、将来、人類が地球外に移住するときが来ると想定して、あらゆる方面から研究が進められています。宇宙で生活するあらゆる物資をすべて地球から運んでいたら、運搬にかかるエネルギー費用だけで莫大になってしまいます。そこで最終的には、できるだけ現地で生産する方式が必要となります。現地で生産する物資の1つに木材も想定されています。

　木材は加工が容易なため、人類が有史以前から利用してきた材料であり、また、木の実は食料として利用できます。(国研)宇宙航空研究開発機構(JAXA)元教授の山下雅道先生は、宇宙に連れていく樹木として桑(くわ)を想定されていました。桑の実はフルーツとして食用になり、葉でカイコを育てて絹糸をとり、そのサナギはタンパク源として食用にし、そして木部を材料として利用するといった寸法です。桑材は比重が大きく重厚感があり強靭で、タンスや机、箱類などに利用されています。宇宙では限られた空間や資材を最大限に活かすために、このような一石二鳥・三鳥の方策があるなら、まさに理想的です。淡水魚を養殖して、そのフンを肥料として(微生物の助けも借りますが)野菜を育てる「アクアポニックス」という循環型農業が最近注目されています。これにティラピアという人糞(じんぷん)をエサにできる魚を使えば、地球外天体で排泄物処理をすると同時に、動物性タンパク質と野菜のビタミン類・

食物繊維を一挙に生産できるということも考えられています。ティラピアは鯛に似た味がして美味しいそうですよ。木の話題からずいぶんそれてしまいした。

宇宙で木材は必要か？

　2010年から2011年にかけて、火星探査に人間が行って帰ってくることを想定したMars500という大規模な実験が、ロシア科学アカデミー生物医学問題研究所（IBMP）とヨーロッパ宇宙機関（ESA）の共同で行われました。火星有人探査のような長期ミッションにおいて、宇宙船という閉鎖的な環境での共同生活がクルーたちに与える精神的な影響を調査するプロジェクトです。このプロジェクトでは模擬宇宙船と模擬火星を連続した閉鎖環境中に作製し、6名のクルーがそのなかに入って、外界と完全に隔離されて火星・地球間の往復を想定した520日間を過ごしたのです。その間、3名が着陸船で火星に向かい、火星面に10日間滞在して、3回の歩行探査を行うミッションも含まれていました。歩行探査といっても、模擬火星面を造形した閉鎖空間が模擬宇宙船のハッチの外につくられていて、そこに出るのです。地球との通信は、距離に応じて計算された時間ずつ徐々に遅延を発生させ、最大20分遅延させるといった念の入れようです。

　この火星往復を想定した模擬宇宙船の内装には、木材がふんだんに貼りめぐらされていました。用いられたのはオーク材、家具や洋酒の樽に使われる材で、ヨーロッパの人には馴染みの深い木です。映画などのSF作品に出てくる宇宙船は、外側だけでなくその内部もとってもメカっぽく、金属でつくられている感じがしますね。その方が未来な感じや異世界な雰囲気を表現できるからでしょう。でも実際には、そのなかで長期にわたって人が滞在するとなれば、そこが閉鎖環境であればあるほど、内装は木製であった方が精神的に不安定になりにくいということなんだと思います。Mars500プロジェクトでは、大変精密に有人探査模擬実験を組み立てていますので、実際の火星探査船の内装も木材になる可能性が極めて高いと思われます。月

や火星で建設されるコロニーにしても、その事情は同じではないでしょうか。Mars500 に使われた模擬宇宙船の内部や模擬火星面の写真は公式サイト（https://www.esa.int/Science_Exploration/Human_and_Robotic_Exploration/Mars500/Mars500_study_overview）で見ることができます。

　それ以外にも木材は他の材料と違ってナイフ 1 つあれば、ちょっとした手近なものをつくれるくらい加工が簡単です。そして、軽い割に丈夫でもあります。移住先の月なり火星なりの生活でも、きっと手近なちょっとしたことで色々と役に立つことでしょう。もっとも手の器用さが、ある程度必要にはなるでしょうが。

宇宙で木は育つのか

　木が育つには何が必要でしょうか。樹木を含む植物の生育に必要な主な要素をあげてみると、光・空気（酸素と二酸化炭素）・水・適当な温度・無機塩類などがあります。水や温度は必要なだけ確保しなければなりませんが、植物を連れていく人間にとっても必要なものなので、そこを拡張することで、これは何とかなりそうです。無機塩類とは、簡単にいうと肥料のことですが、これについては冒頭で紹介したような循環させる系を構築することになるでしょう。

　光環境について考えてみます。シロイヌナズナやタバコを使った実験で、植物の葉にある葉緑体は 48 時間以上光があたらないと、もとの機能を回復することができず、葉は枯れる方向へ向かうことがわかっています。月の 1 日は地球の約 1 か月と同じなので、昼と夜が約 360 時間（15 日× 24 時間）ずつ連続することになり、夜の期間は人工的に光を補う必要があります。火星だと 1 日は 24 時間 37 分ということですので、その点については心配なさそうです。火星は地球より太陽から遠く、太陽光の強さは地球の 0.43 倍ほどと弱いのですが、地球上でも、くもりの日には晴れの日の 0.05 倍以下になることを考えると、こちらも何とかなりそうです。ただ、火星表面には

砂嵐が発生して太陽光が減衰するという問題があるので、そちらへの対処は重要となるでしょう。

次は気圧についてです。国際宇宙ステーション（ISS）内の気圧は地上と同じ1気圧（約1,013hPa）が保たれていますが、これは人間が通常の活動をできるようにするためです。樹木を含む植物を宇宙で育てるためにも空気は必要ですが、必ずしも人間と同じように1気圧かけなければならないわけではありません。むしろ成長に支障のない範囲で気圧を下げることができれば、畑や森林用のドームの強度を下げることができ、必要な資材を少なくすることができます。樹木を対象とした減圧下での育成実験はほとんどなく、ヒノキを0.1気圧で育てた例が1つだけ公表されていますが、生育が悪く、大気圧に戻した後に枯死したそうです。農産物を低圧下で育てた研究例は

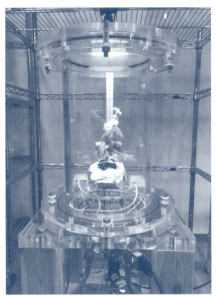 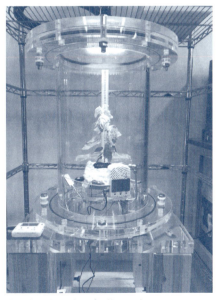

左：アクリルの密閉容器に入れて、なかの空気を一定圧までポンプで抜いて育てている
右：対照実験で、同じ容器に入れてあるが吸引ポンプはつながれておらず、大気圧のまま。
　　容器の下に減圧ポンプ用ホースやモニター類のコードがないことでわかる

出典：京都大学 宇宙木材研究室

写真1　低圧育成実験の様子

色々あり、ホウレン草やレタスは 25kPa（大気圧のおよそ 1/4）で普通に
生育したそうです。樹木を対象とした低圧生育実験はほとんどないので、現
在、ポプラ（ギンドロ）を減圧チャンバーに入れた生育実験が進行中です（**写
真 1**）。

宇宙で育てた木

　宇宙で木を育てたらどんな木材ができるのでしょうか。大変興味のあると
ころです。樹木は大きく成長するので、いまのところ、なかなか宇宙で育て
ることができません（スペースシャトルに苗木を載せて行った実験もありま
すが、それについては後で述べます）。スペースシャトルや宇宙ステーショ
ンで行われた植物の育成を含む実験の多くは、種子から発芽したばかりのモ
ヤシやスプラウトのようなものがよく用いられていました。種子をセットし
た実験容器の種子床に隣の水容器から水分を染み込ませて開始するといった
感じです。それらの実験は、主として発芽時の形態形成に対する無重力（正
確には微小重力）の影響を調べるものでした。こういった実験によって、無
重力では種子内につくり込まれた形のまま、芽が向いている方向に伸びてい
くことが確認され、自発的形態形成と呼ばれました。重力を感知して形を修
正しながらまっすぐ上に成長するには 0.1G（地上の 1/10）あればよいそう
です。

　芽生えのような小さい植物ばかりが宇宙での実験に使われたのは、現状で
はある程度以上の大きさの植物を持っていけない事情があります。そこで植
物の重力屈性の研究から派生して、地上で微小重力環境を模擬的に生み出す
装置が考え出されました。クリノスタットと呼ばれる装置です。その誕生は
何と 19 世紀初頭といわれています。試料を水平の回転軸を持つ回転装置に
搭載して一定の回転数で回すことにより、試料に加わる重力ベクトルの総和
がゼロになるという理屈です。当初は水平な軸 1 つで回転するだけの簡素な
構造でしたが、後に軸を 2 つ持つ 3D クリノスタットが考案され、日本では、
1986 年に伊藤富夫氏（当時、名古屋大学　理学部）が最初にこの方式の活用

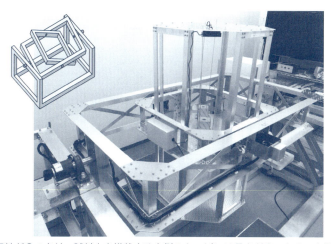

回転軸が2つあり、試料木を搭載する内側のキャビンは長さが2mある。内側キャビンの軸があるあたりに金属板があり、そこに鉢底を固定する　　出典：住友林業（株）

図1　ポプラを載せる3Dクリノスタット

を提案したということです。

　筆者も住友林業（株）と共同研究で、3Dクリノスタットにポプラを搭載して擬似微少重力下で育成する実験を行っています（**図1**）。およそ1か月クリノスタット上で生育させて、新しく成長した部分の木部（木材部分）を顕微鏡で観察するのですが、木材成分の比率の違いで色分けできる方法を使います。なぜそんな方法を使うのか、少し長くなりますが、説明します。

　樹木の幹や枝は常に重力の方向を感知していて、本来あるべき位置からずれると戻そうとして「あて材」という特殊な木部を形成して曲がります（**図2**）。あて材は広葉樹と針葉樹で大きな違いがあって、広葉樹ではつくられるときに縮もうとする材（引張あて材）が曲がる側につくられ、逆に針葉樹では曲がるのとは反対側に伸びようとする材（圧縮あて材）がつくられます。あて材が形成されるときに、どうして縮んだり伸びたりするのか、そのメカニズムはわかっていませんが、それぞれ木材を構成する主成分の割合が変化することはわかっています。

　木材の主成分は3種類あって、よく鉄筋コンクリートに例えられます。鉄

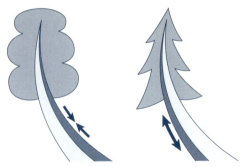

広葉樹(左)は曲がる側にできて縮む力を発生する
針葉樹(右)は曲がる外側にできて伸びる力を発生する
図2　広葉樹と針葉樹のあて材

　筋に相当するセルロース、コンクリートに相当するリグニン、そして鉄筋同士や鉄筋とコンクリートを絡みやすくするための針金に相当するヘミセルロースです。セルロースとヘミセルロースは水によく馴染むのですが、リグニンは水をはじく性質があります。リグニンのおかげで陸上の植物は水をもらすことなく根から葉まで運ぶことができます。針葉樹の圧縮あて材では、リグニンが増えてセルロースが減り、広葉樹の引張あて材では、逆にセルロースが増えてリグニンが減ることがわかっています。先に述べたスペースシャトルでの宇宙樹木実験は、無重力環境で苗木の幹を曲げたら、あて材ができるか調べたもので、曲げるだけでも、あて材ができることを示しました。

　木材の成分比が変わることで木材の性質も変化するので、クリノスタットに搭載して擬似微小重力下で形成された木材の成分比を、それがおおよそわかる染色法で調べると、木材の性質がどう変化したか、見当がつくというわけです。いまのところ、成分の割合が普通の木材とは違っているのですが、あて材とも違う木材が形成されているということまでわかっています。これらの実験を通して、将来的に宇宙林業で育てた木材がどのような性質になるのか、いまから予測することで、宇宙開発が進んだときに慌てることなく現地産の木材を有用活用する方法も工夫できるというわけです。

マテリアルバイオロジー研究室　馬場　啓一

Column Ⅲ

私の研究道具―MU レーダー

いきなりですが、クイズです。「東海道新幹線」、「富士山レーダー」、「VHS ビデオ」、「QR コード」の共通点は何でしょうか。

正解は、これらはすべて電気電子情報通信分野において達成された画期的なイノベーションのなかで、開発から 25 年以上経過し、地域社会や産業の発展に多大な貢献をした歴史的業績を顕彰する「IEEE マイルストーン」に認定されたものです。

実は、京都大学にも同賞に認定された実験装置があります。それが MU レーダー（Middle and Upper atmosphere radar）です。1984 年から稼働している大気観測用大型レーダーで、たぬきの焼き物で有名な滋賀県甲賀市信楽町の国有林内にひっそりと存在しています。対流圏から超高層大気に至る大気の運動などを観測しています。地球大気は、気温の高度変化によって、対流圏（地表～高度 10km）、中層大気（高度 10 ～ 100km）、超高層大気（高度 100km 以上）に分けられます。

MU レーダーは、当初の主な観測対象が中層大気（Middle atmosphere）と超高層大気（Upper atmosphere）であることから、その頭文字をとってそう呼ばれることになりました。MU レーダーは、アクティブ・フェーズドアレーシステムと呼ばれるアンテナを用いた世界初の大規模大気レーダーとして、大気科学やレーダー技術の発展に貢献したことが評価され、2015 年に IEEE マイルストーンに認定されたのです。アクティブ・フェーズドアレー方式は、多数のアンテナを配置し、各アンテナにおける信号の送受信タイミング（正確には位相）を制御することで、ビーム方向を高速に切り替える技術です。MU レーダーの場合、475 本のアンテナを直径 103m の敷地内に配置しています。2001 年

MUレーダーの全景

には同じ方式を採用した赤道大気レーダーがインドネシア共和国西スマトラの赤道直下に設置されました。赤道域は地球規模の大気循環の駆動源とされ、強い太陽放射加熱によって大規模な積雲対流が発生します。赤道域特有の顕著な現象を引き起こすなど、非常に興味深い領域で、国内外の研究者とともに共同研究を推進しています。

大気圏精測診断研究室　橋口　浩之

3

環境変動や災害に適応できる社会を目指して

土に空を接ぐ
植物の話

「木に竹を接ぐ」、「竹に接ぎ木」という慣用句があります。辞書によれば、(木と竹のように、異質のものをつなぎ合わせるところから)前後の釣り合いがとれず、筋道が通らないことをいうそうです。ここでは「木に竹を接ぐ」をもじり、「土に空を接ぐ植物の話」と銘打って、筆者たちの新しい研究を紹介します。決して筋の通らない内容を紹介するつもりはありませんので、そこはご安心ください。しかし、いきなり本題に入ると、「木に竹を接ぐ」ような内容になりかねないので、まずは土と空がつながるまでの研究の背景からお話ししていきます。

2024年の地球の平均気温は過去最高に達した

2024年、この年は地球の気候学的な歴史において、間違いなく記録に残る年でした。近代的な気象観測データが蓄積してきた18世紀半ば以降で、世界の平均気温が過去最高になったのです。どのくらい高かったかと言うと、産業革命以前に比べて約1.5℃も高くなりました[※1]。実は、2023年にも世界の平均気温が過去最高となったことがビッグニュースとなりましたが、2024年には、その記録があっさりと塗り替えられてしまったわけです。

筆者が住む京都市では、2024年の真夏日が100日を超えました。真夏日とは、その日の最高気温が30℃以上となる日を指します。もはや京都市は、一年の約4分の1が真夏の環境になってしまったと言っても過言ではありません。異常な高温は日本各地で観測され、野菜の高騰などの社会問題にも影

響しました。

　「人間の影響が大気、海洋及び陸域を温暖化させてきたことには疑う余地がない」。これは気候変動に関する政府間パネル（IPCC）の最新レポートである第6次評価報告書に明記されたインパクトの強いフレーズです。

　1990年に公表された第1次評価報告書以降、人間活動の影響を断定した表現が用いられたのは第6次報告書が初めてです。そして、「人間活動は、少なくとも過去2,000年において、地球が経験したことのない速度で気候を温暖化させている」とも指摘しています。地球の健康状態と将来の人類の福祉が「非常事態」にあるということで、国連のアントニオ・グテーレス事務総長が用いた「気候危機」「地球沸騰化」という言葉が新聞やニュースでも大きく取り上げられたことは記憶に新しいところです。いまを生きる私たちはもちろん、子や孫が安心して暮らせる持続可能な社会を目指すには、地球温暖化と気候変動の問題を避けて通ることはできません。

　筆者たちは、気候変動のメカニズムの解明と将来予測という観点から温室効果気体の研究を行っています。ここでは、メタンガスの研究について紹介します。メタンガスは無色透明な気体で、匂いはしません。私たち人類は、メタンガスを含有する天然ガスを重要なエネルギー資源として利用しています。「燃える氷」とも称されるメタンハイドレートは、次世代燃料として注目されています。一方で、メタンは二酸化炭素と同様に、強力な温室効果ガスです。産業革命以後、大気中のメタン濃度が増加の一途をたどっていることは人類にとって大きな懸念です。2021年の秋、グラスゴーで開催された国連気候変動枠組条約・第26回締約国会議（COP26）において、世界のメタン排出量を2030年までに20年比で3割減らすことを目指す「グローバルメタンプレッジ」が発足し、世界の100を超える国・地域が参加を表明しました。報道でも大きく取り上げられたので、ご存じの人も多いのではないでしょうか。

※1　このデータを発表したのは、世界気象機関（World Meteorological Organization：WMO）という気象、気候、水に関する科学情報を提供している国連の専門機関。

103

新しいメタンの発生源を探る
—樹木からメタンが出てくる不思議

　大気中のメタン濃度は、人為的な排出と自然起源の放出の双方から影響を受けています。人為的な排出は、先に述べた天然ガスをはじめとする化石燃料の採掘や輸送にともなって、大気中へと漏れ出すことによります。一方、自然からの発生は非常に多岐にわたっており、湿地、湖沼、水稲栽培、反芻動物のゲップ、シロアリなどがあります。自然からの最大のメタン発生源は湿地です。「湿地」といっても幅広い意味を持ちますが[※2]、例えば、自然の散策が好きな方にとっては、「湿地＝多様な植物や動物を育む生態系の豊かな環境」という認識を持っている人が少なくないでしょう。多くの人は、豊富な水の存在をイメージするはずです。湿地のように水分を非常に多く含む土壌には、メタン生成菌と呼ばれる微生物が棲んでいます[※3]。メタン生成菌は酸素が苦手で、土のなかで水素や酢酸などを栄養にして生きています。私たち人間が、生きていると CO_2 を吐き出すのと同様に、メタン生成菌はメタンを生み出すのです。湿地の土壌や池の底を棒でつっつくと、土のなかに溜まっていたメタンを含む気泡がボコッ！と出てくることがありますが、これはメタン生成菌がかかわっています。メタン生成菌の活動が、湿地を自然最大のメタン発生源にしているのです。

※2　ラムサール条約では、「湿地とは、天然のものであるか人工のものであるか、永続的なものであるか一時的なものであるかを問わず、更には水が滞っているか流れているか、淡水であるか汽水であるか鹹水（海水）であるかを問わず、沼沢地、湿原、泥炭地又は水域をいい、低潮時における水深が6メートルを超えない海域を含む。」（条約第1条1）と定義している。
※3　反芻動物のゲップやシロアリがメタンの発生源になるのは、体内にメタン生成菌が共生しているため。

　ところが近年、ある種の湿地性樹木から、これまで知られていなかったほどの大量のメタンが大気中へと放出されているという研究論文が報告されるようになりました[1]。その結果、気候科学と植物学のいずれの分野でも大き

な論争が起こっています。本当に樹木からメタンが出ているのか、もし出ているならば、その量はどのくらいで、地球温暖化に与える影響はどうなのか、また、樹木からメタンが放出されるならば、どのようなメカニズムなのか、筆者たちはそうした疑問に答えようと、代表的な湿地性樹木であるハンノキ（Alnus japonica）を研究対象に選び、野外調査から研究を始めました。

　筆者たちの野外調査地は、滋賀県大津市の国有林内にあります。渓流沿いに形成された湿地にハンノキが自生しています。筆者たちはまず、「ハンノキの樹幹からメタンガスが出ているのか」を調べるため、大気汚染物質の超高感度分析技術の1つである半導体レーザー分光法を、樹木の計測へ応用するという方法をとりました。通常、大気濃度レベルのメタン検出には、ガスクロマトグラフィー（GC）と呼ばれる分析装置が用いられます。しかしながら、GCは人手による操作が基本であり、また、森林のような野外環境での安定的な動作制御には困難をともないます。一方、半導体レーザー分光装置は、現場での分析を無人で安定的に行えるという利点があります。昼夜を問わず、天候にも左右されず、野外での分析が可能です。ハンノキの幹を取り囲むように「チャンバー」と呼ばれる容器を取りつけました（**写真1**）。普段、このチャンバーには現場の空気を流しておいて、自然な状態を保ちます。1時間に1回、10分間だ

写真1　ハンノキの幹からのメタン発生量を測定する実験道具「チャンバー」

けその空気の流れをさえぎり、チャンバーのなかにたまってくる空気を分析しました。

その結果、複数のハンノキの幹からメタンが放出されていることがわかりました。どうやら世界的に議論を呼んでいる「木からメタンが出ているらしい」という学説は、ハンノキにもあてはまるようです。しかも、その放出量は晩夏に最大、晩冬に最小となる季節変化を示すことがわかってきました。筆者たちは実験データをさらに詳しく解析し、春から秋にかけての着葉期間に限り、メタンの放出量が昼間に多く、夜間に少ないという日変化を示すことも突き止めました[2]。

次に筆者たちは、「ハンノキからメタンが放出されるのはなぜか」を探る実験に挑みました。実は、湿地性樹木が水分の過剰な土壌でも自生できる理由

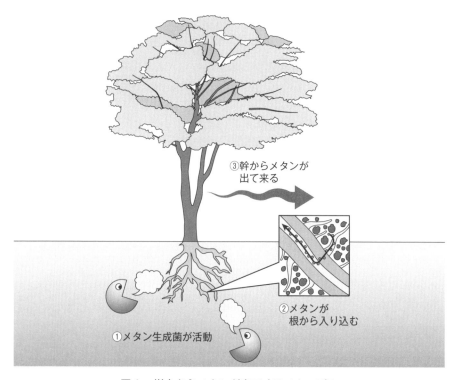

図1　樹木からメタンが出てくるメカニズム

の1つは、樹皮を介して空気中の酸素を根へと送り届ける機能が備わっているからだと考えられています。土壌中でメタン生成菌がつくり出したメタンガスが、その酸素の通り道を伝って根から幹へ、幹から大気中へと拡散しているという仮説が提唱されていました(**図1**)。筆者たちは、その仮説をハンノキで検証しようと考えたのです。まず、ハンノキの根元の土壌を掘り、細根を採取しました。細根は樹木の根系の先端部にある、文字どおり細い根(一般的に太さ2mm以下とされています)で、土壌から水分や養分を吸収するという樹木にとって重要な機能を担っています。採取した細根を実験室へ持ち帰り、光学顕微鏡とクライオ走査型電子顕微鏡と呼ばれる2種類の顕微鏡を用いて細胞組織を観察しました。その結果、ハンノキの細根の組織には、細胞と細胞の間に多数の「隙間」が存在することを発見しました(**写真2**)。この隙間は、メタンが気体のまま移動できる通路の1つになっているようです。いうなれば、根から幹へとメタンガスが輸送される「パイプライン」のようなものです。これは従来の仮説を裏づける証拠と考えています。中学校の理科を思い出していただきたいのですが、一般に植物には、道管という養水分を運ぶパイプが存在しますね。今回発見したパイプラインは、道管のように養水分で満たされているのではなく、ガスの輸送に適した空洞の状態になっていることがわかりました。

　筆者たちの発見を別の観点で整理してみます。土のなかでメタン生成菌が

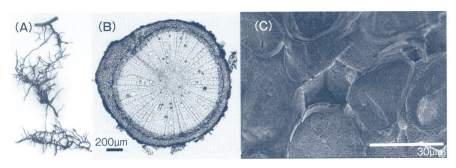

写真2　ハンノキの細根の採取試料(A)を、光学顕微鏡(B)とクライオ走査型電子顕微鏡(C)を用いて観察した例

つくったメタンの一部は、土の隙間などを通って地上へと出てきます。これは、土から大気へのガスの移動であり、湿地からメタンが発生する主なメカニズムであると考えられてきました。ところが、ハンノキのようなパイプラインを持つ樹木が立っていると、地上へ出てきにくいはずの深い土中にあるメタンが、樹木のなかを通って大気へと出てくるのです。これは、土壌から樹木へ、樹木から大気へという移動です。ハンノキのような樹木の存在が、土壌から大気へのメタンの移動を「仲介する」あるいは「促進する」、そう考えてみると、ハンノキは「土と空を接ぐ」かのような役目を果たしているように見えませんか。

　筆者たちのハンノキ研究は、この原稿を書いている時点でもまだ続いています。なぜなら、たくさんの疑問がまだ残っているからです。例えば、細根の顕微鏡観察で発見したパイプラインは、根から幹へとどのようにつながっているのでしょうか。それに、パイプラインをメタンが通るときの通りやすさは根も幹も同じなのでしょうか。また、幹まで通じたパイプラインは、いったいどこで「ガス漏れ」を起こし、大気中へとメタンガスを放出することになるのでしょうか。泥だらけになって行う野外調査、顕微鏡観察を使ったミクロで精密な実験、そのいずれもが地球温暖化というグローバルな環境問題の解決に貢献できると信じて日々研究を行っています。

[参考文献]

[1] Barba et al. : Methane emissions from tree stems : a new frontier in the global carbon cycle, New Phytologist, 222, pp.18-28, doi : 10.1111/nph.15624, 2019, etc.

[2] Takahashi et al. : Insights into the mechanism of diurnal variations in methane emission from the stem surfaces of Alnus japonica, New Phytologist, 235, pp.1757-1766, doi : 10.1111/nph.18283, 2022

大気圏森林圏相互作用研究室　高橋　けんし

微生物コミュニティのパワーを農業に活かす

私たちの生活を支える食料

　「ごはん、鶏すき、モヤシのゴマ炒め、牛乳」。ある日の小学校での給食メニューです。このなかに何種類の植物が含まれているでしょうか。まずは、ごはんのイネ、鶏すきのニンジン、タマネギ、ハクサイ、ネギ、ゴマ、モヤシはおそらく緑豆です。さらに、しょうゆはダイズと小麦、砂糖もサトウキビやビートが原料ですし、炒め物の油もアブラナやダイズからしぼり取ったものです。また、乳牛や鶏の飼料には、飼料米や大豆ミールが使われていますので、私たちが牛乳を飲んだり鶏すきを食べられるのは、植物のおかげといえます。このように植物は私たちの食を支える重要な生産者です。

　イネ、小麦、トウモロコシは世界三大穀物と呼ばれ、白米、パン、麺類などの主食となり、その主な栄養素は炭水化物です。20世紀の中頃から後半、世界の人口は30億人から60億人へと2倍にも増加しましたが、この間に世界の穀物生産量も2倍以上増加させることができ、世界的な食料難には至りませんでした。食料増産には、肥料、育種（収量が高くて病害に強い品種をつくり出すこと）や病害虫の被害を抑えるための農薬の開発、灌漑設備（農地に水を供給するための設備）の整備など、様々な要因があげられますが、ここでは肥料について考えてみましょう。

　植物は太陽光のエネルギー、水、二酸化炭素（CO_2）を使って生きています。他に必要な窒素、リン、カリウム、鉄、イオウなどの栄養素は土のなかに張

り巡らされた根から吸収されます。このなかで植物の生育に多量に必要で作物の生産に重要な栄養分であり、肥料の三要素とも呼ばれるのが「窒素」、「リン」、「カリウム」です。土壌中にこれらの成分は限られていますので、安定に作物を生産するために多くの肥料が農業生産に用いられてきました。

　窒素肥料としては堆肥も利用されていますが、近代農業で大きな転換点となったのは、ハーバー・ボッシュ法がドイツで開発されたことです。ハーバー・ボッシュ法は、肥料の原料として重要なアンモニアを空気に含まれる窒素分子から直接つくり出すという画期的な技術です。窒素は空気中の8割を占めるため、原料の枯渇は心配する必要はありません。ところが、この方法は高温・高圧条件が不可欠のため、世界で使われている電力の約1%にも及ぶ大量のエネルギーが投入されています。電力にも限りはありますし、発電のために消費される化石燃料や排出される CO_2 のことを考えると、これまで以上に工業的に生産された肥料に依存することはできません。

肥料をつくる微生物

　土のなかにはたくさんの微生物が生活しています。スプーン1杯の土のなかに100億を超える微生物が存在します。これらの微生物は多種多様な能力を持っており、なかには植物に必要な肥料をつくってくれる微生物もいます。例えば、根粒菌と呼ばれる細菌は、ダイズやインゲンなどのマメ科植物の根に共生し、空気中の窒素をアンモニアに変換する能力を持っています。根粒菌がマメ科植物の根に感染すると、根に根粒というコブ状の器官が形成されます（**写真1**）。根粒のなかでは、根粒菌が植物の細胞のなかに取り込まれ、アンモニアの生産工場が建設されたかのようになります。ハーバー・ボッシュ法では、高温・高圧という特殊な条件にするため大量のエネルギーを用いますが、根粒では通常の温度・圧力のままアンモニアを生産することができます。根粒菌のニトロゲナーゼという酵素の力で窒素をアンモニアに変換するからです。根粒菌は、この酵素を働かせるためにATP（アデノシン3リン酸）という化合物の持つエネルギーが大量に必要になりますので、マ

写真1　ダイズの根の根粒

メ科植物は光合成で獲得した糖を有機酸にかえて窒素固定のエネルギー源として根粒菌に供給します。このように、根粒菌と植物の間で炭素と窒素の交換が行われ、持ちつ持たれつの関係、すなわち「共生」関係となります。

　土のなかにはリンを植物に供給する微生物もいます。菌根菌というカビの仲間は陸上の7割以上の植物の根に共生します。菌根菌の菌糸は細くて長いため、植物の根よりも広い範囲に拡がることができ、土のなかのリンなどの栄養を植物に供給します。根粒菌との共生と同様、植物はエネルギー源として菌根菌に炭素を与えます。菌根菌は細くて肉眼で見ることはできませんが、畑の植物の根には菌根菌がついていて栄養の吸収を助けてくれます。さらに、土のなかには鉄の吸収を助けてくれる微生物も存在します。

　私たちは古くから土のなかの微生物の力を農業に利用してきました。近年では少なくなりましたが、春先にレンゲが一面に広がる光景は日本の伝統的な田園風景でもあります。マメ科植物であるレンゲは根粒菌と共生して窒素固定をするため、空気中の窒素を体内に蓄えることができます。レンゲを土に漉き込むことで、その後に栽培するイネが間接的に空気中の窒素を利用することができるのです。長年にわたる研究で、根粒菌や菌根菌以外にも植物

に有益な微生物は他にもたくさん見つかりました。しかし、農業に利用されていないものがほとんどです。次に、その理由を考えてみましょう。

人も植物も微生物も1人では生きられない

　植物工場のような無菌環境で生産される野菜とは違い、畑で育つ植物には土壌中の様々な微生物がついています。私たち人間にも、皮膚や口のなか、腸などにたくさんの微生物がついています。特に腸のなかにはたくさんの微生物が存在し、その数は約100兆個と、ヒトの細胞（約37兆個）よりも多いほどです。私たち人間の健康を考えるうえで、腸のなかにいるたくさんの微生物の働きは無視できません。腸内細菌という言葉を聞いたことがある人も多いと思いますが、植物の根のまわりにもまた、人の腸と同じように多くの微生物が生息し、微生物のコミュニティをつくっています。腸内細菌の働きと同様、根圏微生物の働きも植物の生育、ひいては作物の収量にかかわるため、根圏微生物コミュニティをうまく改善して農業生産に役立てていこうという研究が世界中で盛んです。

　「有益な微生物が見つかってもほとんど農業に利用されていない」と前述しましたが、その理由はこの根圏微生物コミュニティにあります。土に外から有益と考えられる菌を与えても、土のなかの多種多様な微生物と競合し、植物の根にうまく到達することができないのです。植物の生育に有利に働く菌を根圏微生物コミュニティのなかに組み込み、その効果によって植物の生育を改善することができれば農業生産に大きく貢献できます。筆者たちは、根圏微生物コミュニティがどのように成り立っているのかを調べて理解することで農業利用への障壁を突破したいと考えています。

コミュニティを調節する代謝物

　私たちが日々口にする様々な食材は腸内環境に大きく作用します。なぜなら、食べ物のなかにある化合物（植物を食べた場合には植物の代謝物）が腸内細菌のコミュニティに影響を与えるからです。植物の根圏環境に対しても同

様に、植物の根から分泌される代謝物が根圏微生物のコミュニティに影響を与えることがわかってきました。「**微生物の手も借りたい！植物成分の新たな生産者**」で紹介したように、植物は 100 万種を超える代謝物を生産します。そのなかには根から土壌中に分泌されて、根圏微生物コミュニティの形成やその働きに作用するものもあります。

　ダイズの根から分泌されるイソフラボンは根粒菌との共生へのシグナル物質として古くから知られていました。土のなかにいる根粒菌はイソフラボンを感知すると、Nod ファクターというオリゴ糖を生産します。ダイズの根には Nod ファクターを特異的に感知する仕組みがあるため、ダイズは土壌のなかに無数にいる細菌のなかから共生相手となる根粒菌のみを選択的に自らの体内に取り込み根粒をつくるのです。このように、イソフラボンはマメ科植物が窒素固定を始めるために重要なシグナル（信号）となる代謝物です。この機能に加え、筆者たちは、イソフラボンに根圏微生物のコミュニティを調節する能力があることを見出しました。

　イソフラボンの一種であるダイゼインを土に加えると、土のなかでコマモナス科の細菌が増加し、細菌コミュニティ全体としてはダイズの根圏に似てきました。コマモナス科細菌がダイズ根圏でどのような役割を担っているのかはまだ不明ですが、実際のダイズ根圏のなかに多く存在しますので、根圏環境を安定に保つ役割があるのかもしれません。ダイゼインという 1 つの代謝物が、微生物コミュニティを大きく変化させることに筆者たちは驚きました。そこで、他の代謝物でもどのような効果があるのか試してみることにしました。

　植物が生産する代謝物のなかでも主要な物質は、試薬会社から標品（純粋な化合物）を購入することができます。そこで、タバコが生産するニコチンやトマトが生産するトマチンという代謝物の標品を購入し、土に加えてみました。すると、ニコチンを加えた土ではアルスロバクター属の細菌が増加し、コミュニティ全体としてはタバコの根圏のコミュニティに似た構成になり、トマチンを加えた土ではスフィンゴモナス属の細菌が増加し、トマト根圏の

コミュニティに似た構成になりました。このように、植物が根から土壌中に分泌する代謝物は根圏環境に作用し、それぞれの植物に特徴的なコミュニティの形成に関係しているのです。

トマトのトマチン

　トマトのトマチンを例として、植物の代謝物と微生物のかかわりを詳しく考えていきましょう。トマチンはトマトの青い果実や葉、花などに含まれる「毒」で、トマトを外敵から守るための代謝物です。私たちはトマトの赤く成熟した果実を食べますが、トマトの実が赤くなるとトマチンは別の無毒なものに変換されるので、安全にトマトを食べることができます。「ジャガイモの芽や緑化した皮を食べて食中毒になった」というニュースを耳にした人も多いと思います。その原因となる代謝物（ソラニンやチャコニン）もトマチンと同じ仲間の代謝物です。筆者たちの研究で、トマトは根からトマチンを土壌中に分泌することがわかりました。土壌中でトマチンは、スフィンゴビウム属というグループの細菌を引き寄せる働きをし、スフィンゴビウム属の細菌がトマトの根や根圏に増加します。では、このスフィンゴビウム属の細菌はどのように毒であるトマチンに対処しているのでしょうか。その謎を解くため、スフィンゴビウム属細菌のゲノム配列（遺伝子情報）を調べたところ、そのなかの特定の遺伝子がトマチンを分解できる酵素（タンパク質）をつくり出すことを見出しました。スフィンゴビウム属細菌は毒であるトマチンを分解し、自らの栄養源にすることができるため、トマトの根のまわりで増殖することができるというわけです。

　さて、スフィンゴビウム属細菌の存在は、トマトにとって何か良いことがあるのでしょうか。それはまだわかっていないのですが、根圏微生物のデータベースを調べてみると、日本のトマトだけでなく、アジア、ヨーロッパなど、他の地域で栽培されたトマトでも根圏にスフィンゴビウム属細菌が増加することが見出されました。さらに、トマトの野生種（栽培化される前から原産地のペルーやエクアドルで生育していたトマトの原種と考えられるもの）で

114 　環境変動や災害に適応できる社会を目指して

もスフィンゴビウム属細菌が根圏に増加していました。このことから、トマトとスフィンゴビウム属細菌は古くから密接な関係を持ってきたことが推測されます。スフィンゴビウム属細菌のなかには、植物の生育を促進したり、病害菌から植物を守ったりする仲間も知られています。トマトがトマチンを介してつくり出したスフィンゴビウム属細菌を含む根圏微生物コミュニティが、トマト栽培にどのような影響を与えているのか、現在、様々な角度から研究を進めています。

サステナブルな食料生産に根圏微生物コミュニティを活用しよう

　限られた資源を有効に活用し、持続的に食料生産することが世界中で望まれています。根圏微生物コミュニティは、栄養の少ない土壌での生育を改善したり、病害菌からの感染を抑制したりするなど、肥料や農薬と同じような効果をもたらすことが相次いで報告されており、一部は実際の農業現場で活用されつつあります。微生物の持つポテンシャルを最大限に農業生産に活用するためには、まだまだ多くの課題がありますが、植物代謝物が持つコミュニティを調節する能力と複数の微生物を組み合わせて「有益な根圏環境」をつくり出し、化学肥料や農薬の使用削減につながれば持続的な社会に貢献できます。

　根圏微生物を利用する一方で、化学肥料や農薬は世界中の人類の食料生産のためにはこれからも必須であり、その役割はこれまでと変わることなく重要です。根圏微生物コミュニティの能力を活用できれば、化学肥料や農薬が不要になるわけではないのです。化学肥料や農薬は効果が明確であり、きちんと投与すれば効果が得られるのに対し、微生物コミュニティの機能には即効性はなく、様々な環境要因で効果が不安定になりやすいという性質もあります。地球環境の変化が懸念されているなかで、筆者たちが考える持続的な食料生産は、化学肥料や農薬と微生物コミュニティの機能を複合的に活用し、安定した食料生産を可能にすることです（**図1**）。私たちの健康で例えると、

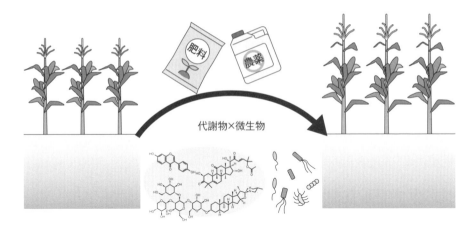

図1　微生物のパワーと化学肥料・農薬を組み合わせた作物生産

　腸内環境を改善して健康な体を維持しつつ、きちんとした食事(肥料)をとり、病気になったときには薬(農薬)を飲むということです。
　このようなサステナブルな農業生産を実現するために、まだまだ知らない機能が眠っている土のなかの代謝物や微生物の性質を精密に調べていく必要があります。当研究所では、国内外の多くの研究機関や民間企業と連携し、サステナブルな食料生産の基盤となる発見をこれからも続けていきます。

[参考文献]
[1] 杉山暁史：根圏微生物叢形成を調節する植物特化代謝産物、植物の生長調節、Vol.57、No.1、pp.25-31、https://doi.org/10.18978/jscrp.57.1_25、2022
[2] Nakayasu M., Takamatsu K., Kanai K., Masuda S., Yamazaki S., Aoki Y., Shibata A., Suda W., Shirasu K., Yazaki K., Sugiyama A. : Tomato root-associated *Sphingobium* harbors genes for catabolizing toxic steroidal glycoalkaloids. mBio 14：599, 2023　http://dx.doi.org/10.1128/mbio.00599-23

森林圏遺伝子統御研究室　杉山　暁史

大好きな食べ物と
熱帯林と
地球温暖化の
知られざる関係?

主役のヒントは「からあげ」「アイス」「チョコレート」!

　想像しただけで、お腹が空いてきそうです（笑）。お子さんから大人まで、揚げ物や甘いデザートは大好きな人が多いと思います。他にもカップ麺をはじめとするインスタントヌードル、マーガリンなども、多くの家庭で見かけるのではないでしょうか。実は、これらの食品に共通の材料が、ここでの話の主役です。どんなものだと思いますか。ここでわかった人は、かなり環境意識の高い人かもしれません。もう少しヒントを出すと、この「あるもの」を原材料としたものには、他に洗剤、化粧品、乳児用の粉ミルクなどがあります。

　そろそろ答え合わせをしましょうか。これらの商品の原材料となっているものは「パーム油」です。「あまり聞いたことがないなぁ」と思った人も多いでしょう。「パームオイル」ともいいます。英語の「Palm（パーム）」は、日本語にすると「ヤシ」という意味です。ここでみなさんの頭に浮かんだヤシの姿は、おそらくですが、白いビーチにシュッと背高く生えていて、一番上にヤシの葉、すぐ下に丸い形のヤシの実がなっているものでしょうか。今回の主役は、そのヤシ（ココヤシ）ではなく、図1にあるような、形のちょっとグロテスクな「アブラヤシ」というものです。この木になる実や種をしぼるとパーム油がとれます。パーム油は、実は1980年くらいから世界で一番多く流通する油となっていて、その貿易量は2020年頃には約5,000万t（トン）にもなります。驚くかもしれませんが、日本ではパーム油の消費量は菜種油に次い

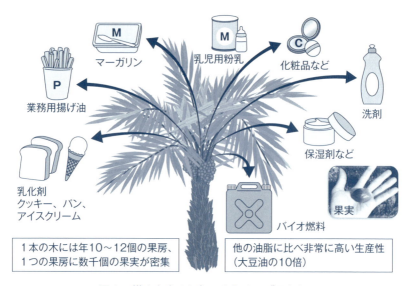

図1 様々なものに加工されるアブラヤシ

で2番目で、日本人1人あたり年間約6kgも消費しています。フライドポテトなどの揚げ物をよく食べる人はさらに多いかもしれません。

　話がすっ飛びますが、みなさん、熱帯林（熱帯雨林）にはどんなイメージをお持ちでしょうか。太くて高い木、オランウータン、トラやゾウ、美しい花やチョウチョなど、たくさんの動植物が棲む森を想像されるかもしれません。遠い遠い赤道近くの森なのですが、現代では飛行機に乗るとわずか7～8時間で熱帯林のある国に行くことができます。日本から最も近い国でいうと、例えばマレーシアやインドネシアに行くと国立公園など森のなかに入ったりすることもできます。「あれ、アブラヤシの話はどこに？」と思われるかもしれませんが、実はこのマレーシアとインドネシアだけで、世界で使われるパーム油の90％が生産されています。先ほど貿易量が5,000万tと書きましたが、そんな大量のパーム油をつくるには、アブラヤシの木をたくさん植えなければいけないのがわかっていただけると思います。では、どこにそんなにたくさん植える場所があるのか、というのが問題の始まりです。

数十年の間に、多くの森が
アブラヤシのプランテーションに…

　2020年頃にはマレーシアとインドネシアのアブラヤシ園の総面積は2,000万ha（ヘクタール）を超えています[1]。これは日本の面積（3,780万ha）の半分以上にあたります。そのアブラヤシ園（アブラヤシプランテーション）の多くが森林を切り開いてつくられたものです。

　ところで、熱帯林は「地球の肺」とも呼ばれることを知っていますか。熱帯の森は、地面の近くには低い木が、その上には中くらいの高さの木が、一番上には高木が生い茂る層状の構造になっていることが多く、地面より上の植物の量は、地球上の他の地域の森に比べて非常に多いことがわかっています。それぞれの木の葉が光合成により、二酸化炭素（CO_2）を吸収して酸素を吐き出すことで森の空気とガス交換をしています。CO_2が地球温暖化の原因になる温暖化ガスの第1位ということはよく知られていると思いますが、面積で地球の陸地面積のわずか1割未満の熱帯林が、地球全体の植物の光合成による大気中のCO_2吸収のうち約3割以上を占めると推定されています。そんな重要な働きをしている熱帯林が、この数十年の間にどんどんプランテーションになるということが東南アジアで起こってきました。

　熱帯林にもいくつか種類があり、雨が多く降る雨季には水浸しになるような泥炭湿地林（以下：熱帯泥炭林）という種類の森林も、東南アジアや南米、アフリカに存在します。乾いた熱帯林では、地表に積もった枯葉や枝、幹などの炭素を、土のなかにいる微生物が酸素を使って分解し、CO_2として大気に放出します。しかし、熱帯泥炭林では、雨季に溜まる水のせいで十分に分解が進まずに、地面より下に多くの炭素が蓄積しているという特徴があります。この落ちた葉や幹は植物の光合成によって以前につくられたものなので、ずっと昔から植物によって吸収されてきたCO_2が形を変え、地面の中に蓄積されることになります。「炭素銀行」とも呼べる代物で、場所によっては数千年前にCO_2から姿を変えた炭素が蓄積されています。地球の土壌に

119

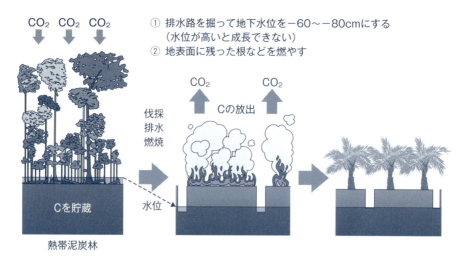

図2　泥炭湿地をプランテーションにするときの流れ

ある炭素の2割ほどが熱帯泥炭林に存在するともいわれます。雨季にはヒザまで水につかるほどなので、かつては人の手が入ることはほとんどなかったのですが、プランテーションにしやすい熱帯林が減ってきた最近では、様々な方法でこの熱帯泥炭林もプランテーション化されています。

　特に、この数十年でこれら熱帯林の広い面積が伐採され、その多くがアブラヤシや紙の材料となるアカシアという樹木のプランテーションに変化しています。図2に湿地林がプランテーションになるまでの簡単な流れを示します。森林の樹木を伐採するとともに、ショベルカーなどの重機を使って、水を抜くための大きな排水路を掘ります。水浸しだと植物が育たない（育ちにくい）ためです。これにより地下水面を下げることができます。次に地表に残った根や幹を燃やしたりすることで整地して、アブラヤシなどを植栽していくという流れです。

森林からプランテーションにすると何が変わる？

　森林を伐採してプランテーションにすることで、どのような変化が起こるでしょうか。まず始めに思いつくのは、そこに生きていた生物（動物や植物）

でしょうか。熱帯林、特に熱帯泥炭林は特殊な生態系ともいえるため、希少な動植物がたくさん存在します。様々なフルーツを実らせる木や、それをエサにしているオランウータン、その他にトラやゾウなどもかつては多く見られましたし、様々な種類のランが育つことでも有名です。森林を伐採すると、これらは棲む場所や育つ場所を失ってしまうこともあります。また、水浸しだった地表が乾くことで、大気中の酸素が泥炭土壌のなかに入り込みます。すると、土壌中に棲む微生物が酸素を使って土壌中の炭素を分解し、CO_2を放出しやすくなります。これを呼吸（息）ともいいます。つまり、数百年～数千年にわたる光合成によって炭素銀行にためられていた貯金（炭素）が分解され、大気中にCO_2として放出されることになります。そうです、地球温暖化を進める結果になってしまうのです。

私たち、研究者がしていること

　このような急速な自然環境の人間活動による変化が起こる状況で、私たち環境科学の研究者はどのようなことをしているのでしょうか。まずは森林が伐採されること、排水されること、そこに新たな植物を植えることによって、その場所に存在する物質（ここでは、CO_2を含む炭素や窒素など）の循環がどのように変化する（した）かを調べようとしています。1つの例は、上で紹介したCO_2の放出量の測定です。**図3**にその概要を示します。

　観測の方法はいたって簡単です。お弁当箱のような密閉容器（チャンバーと呼ぶ）のフタを外した状態で土壌におおいかぶせます。密閉容器内のCO_2濃度を専用の分析機器で測定すると、初めは周辺の大気のCO_2濃度（2024年時点の推定全球平均濃度で約420ppm（ピーピーエム）：1ppmは0.0001%）に近い濃度なのですが、数分間経つと、その濃度が少しずつ増加していきます。土壌中の微生物の分解（呼吸）で生成されるCO_2が、チャンバー内にたまっていくため、このような変化が見られるのです。つまり、みなさんと同じように微生物が呼吸をして出したCO_2がチャンバー内にたまっていく様子が見えるのです。この濃度変化の速度（図3のグラフの傾き）

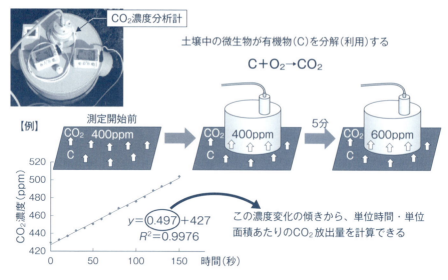

図3　泥炭が分解されて放出される CO_2 の測定方法

を求めることで、チャンバーの面積の土壌表面から、一定の時間に大気に向けて放出される CO_2 の量が推定できるわけです。これをもっと大きな面積に拡張していくと、例えば森林全体や島全体などから放出される CO_2 量の推定も可能になります。もちろん、たった1か所測っただけで大きな面積の推定をするのは少々乱暴なので、なるべく多くの場所で測定し、その場所がどれだけ乾いているか、湿っているか、地下水の深さがどのくらいあるか、様々な周辺環境のデータも同時にとることが重要です。

　筆者たちの成果から、熱帯泥炭林の排水をすることで地下水位が急激に下がり、その結果、地表面の有機物分解が進んで、CO_2 の大気中への放出が大きく増えること、火災によっても大量の CO_2 が放出されることが示されました。いまはその後にアブラヤシプランテーションにすることで、温暖化ガス動態がどのように変化していくかにも注目して調査を進めています。

　たくさんの研究者が、世界中の様々な地点（生態系）で、また色々な方法で温暖化ガスの放出や吸収について観測したデータを解析することで、気温上昇が進む速さなどの推定精度を上げていくことができます。

筆者たちも、熱帯から寒帯に至るまでの湿地や湖など様々な生態系を対象に CO_2 やメタン、一酸化二窒素（N_2O）というような主要な温暖化ガスの動態を調査しています。

便利な生活と自然環境をどちらも
持続可能にする方法はあるのか？

パーム油のように、私たちの豊かな生活に欠かせないたくさんの食品や道具をつくる過程で、地球環境に大きな影響（負荷ともいいます）を与えているのが、人間活動の特徴といえると思います。プランテーション化による環境への影響を小さくし自然を守るということはもちろん重要なのですが、アブラヤシを育てることで生活している生産地の人々や、パーム油を食生活に利用する人が世界中にたくさんいるのも事実です。プランテーション化などの人間活動を止めるというのは非現実的なので、私たちが手に入れた便利な生活と自然をどちらも持続可能にするための方策を考えていくことが必要です。

そのような試みの1つとして、生産地域の環境と社会に対する悪影響を最小限に抑えることを目指して、一定の基準を満たしたパーム油に対して認証を与えるというようなことも行われています。生産地から遠く離れた私たちにも、認証マークのついた油を選ぶということができるため、少しでも持続可能（サステナブル）な社会・環境への変化に貢献できるといえます。いまはまだそれほど多くの商品につけられていない印象ですが、今後どんどん増えることを願います。みなさんも一度、スーパーマーケットなどで探してみていただけるとよいと思います。

[参考文献]

[1] 林田秀樹編：アブラヤシ農園問題の研究Ⅰ グローバル編 東南アジアにみる地球的課題を考える、晃洋書房、2021

大気圏環境情報研究室　伊藤　雅之

地震に強い木の家

木の家は地震に弱い？

　大きな地震が起きると、テレビのニュースでは木でつくられた家（木造住宅）が壊れた映像が映し出されます。2024年の1月には能登半島で大きな地震が起きて、大変多くの木造住宅が倒壊しました。みなさんは、そのような映像を見てどう思われましたか。「何だ、木造住宅は地震に弱いんじゃないか、将来自分が家を建てるとしたら木造は不安だなぁ」と思われたかもしれません。木造住宅は本当に地震に弱いのでしょうか。ここでの話を最後まで読んでいただけると、その答えがわかります。

地震との闘いの歴史

　地球上の大地は動いているという話を聞いたことがあると思います。大地はゆっくりと動くプレートの上に乗っていて、プレートとプレートがぶつかるところで地震が起きます。日本は3つのプレートの境界に位置しているため、昔から何度も地震の被害を受けてきました。大きな地震では木造住宅が倒壊し、多くの命が失われました。1995年の阪神・淡路大震災では死者が6,000人を超え、多くの人が倒壊した木造住宅の下敷きになって亡くなったといわれています。このように繰り返される地震被害の歴史のなかで、1948年の福井地震の頃から、学者たちが地震でも壊れない木造住宅をつくるにはどうしたらよいか研究を始めました。具体的には、地震が起きた後、

すぐに被災地に行って、倒壊した木造住宅と倒壊していない木造住宅の違いを調べました。この調査から、同じ重さの建物であれば、壁が多い建物ほど被害が少ないという傾向が見られました。つまり、壁を増やすことで耐震性が高まるということです。

　日本で建物を建てるときに必ず守らなければいけない決まりが「建築基準法」という法律です。建築基準法では地震に抵抗する壁のことを耐力壁(たいりょくかべ)と呼んでいます。耐力壁が多いほど、「建物の地震に対する強さ」＝「耐震性能」が高くなります。法律では安全性を確保するために必要な耐力壁の最低限の量が決められています。これを必要壁量(ひつようかべりょう)と呼んでいます。必要壁量は1950年に決められましたが、その後も学者たちの地震の調査結果をもとに何度も見直されてきました。1981年に耐震性に関する法律の大きな改正があり、そのときに決められた必要壁量が現在も使われています。また、2000年にも大きな改正があり、このときは木造住宅を構成する木材と木材をつなげる「接合部」に関する決まりが見直され、現在に至っています。1981年と

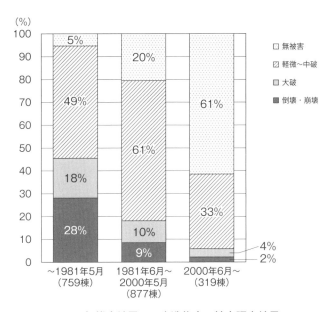

図1　2016年熊本地震での木造住宅の被害調査結果

2000年が大きなターニングポイントになったということです。2016年の熊本地震では、熊本県の益城町という町の中心部で多くの木造住宅が倒壊しました。図1は、益城町で2,000棟ほどの木造住宅の被害を調べて建物が建築された年代ごとに被害の程度を調べたものです。

　一番右のグラフは2000年6月以降に建てられた木造住宅の被害の程度を表しています。一番下は倒壊・崩壊した建物ですが、わずか2％だったということがわかると思います。それに対して、1981年5月以前に建てられた建物の被害の程度は一番左のグラフです。倒壊した建物は28％にも達していることがわかります。話の初めに出てきたテレビで映し出される倒壊した木造住宅というのは、ほとんどは昔に建てられた、特に1981年5月以前に建てられた木造住宅だったのです。現在建てられている木造住宅は、まず倒壊することがないということがデータから明らかになっています。

地震の揺れを再現する

　地震で倒壊した木造住宅はテレビや被災地に行って見ることができますが、倒壊する瞬間はまず見る機会はないです。それを見ることができるところがあるんです。「振動台」という実験装置は地球上で起きた地震の揺れを忠実に再現することができます。兵庫県の三木市にある世界最大の振動台「E-ディフェンス」は世界中で起きた地震を再現して、台上に置かれた実物大の木造住宅を壊すことができる力を持っています。写真1は、1981年5月以前に建てられた実際の木造住宅2棟を移動してE-ディフェンスの上に持ってきて揺らしてみた実験の様子です。

　壁の足りない建物に対して壁を増やすことを「耐震補強」といいますが、左の建物は耐震補強をして2000年以降の必要壁量まで壁を増やしました。1995年に阪神・淡路大震災で記録された震度7の地震の揺れを再現して揺らしたところ、結果は写真2です。耐震補強した左の木造住宅は倒壊せずに、1981年5月以前の壁量の建物は倒壊してしまいます。

　昔に建てられた建物でも耐震補強をすれば新築と同様の耐震性能を持つこ

写真1　E-ディフェンスでの実験の様子

写真2　阪神・淡路大震災の地震動を入力した結果

とができることが証明されました。地震で木造住宅を倒壊させないためには1981年5月以前に建てられた耐震性能の足りない木造住宅を耐震補強することも非常に重要です。地震で亡くなる人を減らすことは国にとっては最も重要な課題の1つです。耐震補強した人には、国や自治体からお金を援助する制度が充実しています。ご自身が住んでいる家の耐震性能が心配な人は、ぜひお住まいの自治体の窓口に相談してみてください。

コンピュータ・シミュレーションで振動台実験

　振動台は木造住宅の耐震性能を明らかにする究極の実験装置ですが、使用するためには多くのお金がかかります。また、これから建てる木造住宅をい

ちいち壊して耐震性能をチェックすることは現実的ではありません。当研究所では、コンピュータのなかで木造住宅をつくり、振動台実験のように揺らしてみることができるシミュレーションソフトを開発しました。「wallstat（ウォールスタット）」という名前でホームページ上に公開しています。無料で誰でもダウンロードして使うことができます（http://www.rish.kyoto-u.ac.jp/~nakagawa）。

　このソフトでは、これから建てる木造住宅や、耐震補強を検討している木造住宅に振動台と同じようにあらゆる地震動を入れて揺らして、揺らした結果をアニメーションで見ることができます。耐震性が足りないと、本当にリアルに倒壊します。動画から建物の弱点も知ることができます。先ほど紹介した振動台実験と比較をして、本当に実験を再現できているか検証を続けて改良されています。図2は、wallstatの計算結果と振動台実験を比較して示したものですが、精度良く再現できていることがわかると思います。

　コンピュータ・シミュレーションは無料で何度でも揺らすことができるため、コスト的に実現が難しかった実大の振動台実験がこのソフトにより身近になってきています。wallstatを設計に導入する取り組みが、家を建てるハウスメーカーや工務店で広がっています。wallstatでは、揺らしてみて倒壊するかどうかだけでなく、どこがどれくらい壊れるかを知ることもできます。もし地震が来て、かろうじて自分の家が倒壊しなかったとします。しかし、壁や柱がボロボロに壊れてしまったらどうなるでしょうか。確かに命は守れましたが、家に住み続けることはできず、避難所で生活する必要があ

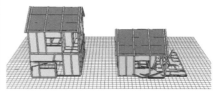

図2　実験(左)とシミュレーション(右)の比較

ります。また、修理するにも多くのお金がかかってしまいます。地震が来て
もまったく壊れない家の方が良いに決まっていますよね。wallstat を使え
ば、地震でまったく壊れない、つまり住み続けられる木造住宅をつくること
も可能になるんです。ワンランク上の耐震性能を実現できるということです
ね。

木造住宅を組み立てるのにどれくらい時間がかかる？

　木造住宅は 200 本以上の木材から骨組ができています。その骨組を組み
立てるのに、どのくらい時間がかかるかご存知でしょうか。2 週間？ 1 か月？
いえいえ、実は 1 日で組み立てられるんです。本当かな？と思われた方は、
木造住宅の建設現場が近所にあれば少し気にとめておいてください。朝は現
場の地面にコンクリート（基礎と呼びます）しかなかったのが、夕方には屋根
まで組み上がってしまうんです。大工さん 5 ～ 7 人くらいで、あっという間
に 1 日（遅くても 2 日）で組み立てちゃいます。こんなすごいことが現実にな
っているのは実は「プレカット」という技術のおかげなんです。英語で「pre
（プレ）」は「事前に」という意味で、「cut（カット）」は木材を「切る」という意
味です。文字どおり、組み立てる前に工場（プレカット工場）で事前に木材を
切っておくということです。工場では大工さんではなく、コンピュータに制
御されたロボットたちが 1 mm の間違いもなく、どんどん木材を切っていき
ます。そして、トラックに切った木材をまとめて載せて現場まで運んでいき
ます。日本では年間数十万棟も木造住宅が建設されていますが、プレカット
のおかげで品質の高い骨組の建築が実現しています。プレカットは日本で発
展した世界に誇る技術なんです。

プレカットの情報を設計に活かす

　プレカットは、コンピュータ制御でロボットが自動で木材を切るという話
をしましたが、そのためには 3 次元で描かれた精密な図面が必要になります。
これは人間が CAD（キャド：Computer Aided Design）というソフトウ

129

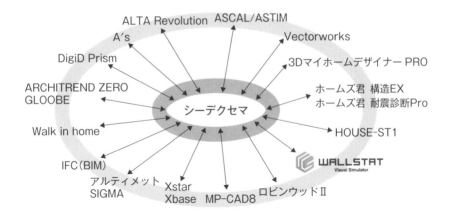

図3　CADとwallstatのデータ連携

ェアを使って作成するのですが、木材をどのように切るか、壁をどこに入れるか、木材と木材はどのようにつなぐかなど、木造住宅の骨組に関する情報が新築を建てるたびにつくられます。先ほど紹介したwallstatはCADの情報をそのまま取り込んで、建設現場で建てられている木造住宅をそっくりそのままコンピュータ上で再現することができます。図3は、wallstatとのデータのやり取りが実現しているCADのソフトウェアのネットワークです。「シーデクセマ」という共通のデータ形式でデータのやりとりが実現しています。現在建てられている木造住宅の90％以上はプレカットを利用していますので、その他のCADも合わせると、現在建てられている木造住宅のほとんどをwallstatで簡単に揺らしてみることができるんです。

地震に負けない木造住宅

　木造住宅は、コンピュータを使って正確に骨組がつくられていて、実験でも耐震性能が確認されていて、さらにwallstatを使えば大きな地震が来ても避難所に行かないで住み続けられる建物も実現することができます。木造住宅は地震にも負けない！ことが、ご理解いただけたと思います。

生活圏木質構造科学研究室　中川　貴文

小さい泡の不思議な力

泡って何？

　みなさんは、泡と聞いたら何を思い浮かべるでしょうか。石鹸やシャンプーの泡、シャボン玉、ビールの泡など、日本語で使う「泡」には様々なイメージがあります。泡の定義を考えると、英語圏では、ビールの表面に浮かんでいるような泡同士がくっついているものを「Form（泡沫）」、液体のなかで、単独で浮いている水中の泡のことを「Bubble（気泡）」と区別して表現されます。ここで紹介する泡は、すべて水中で単独で浮遊している「Bubble」を指します。

　ただし、一口に泡といっても、大きさによって水中での挙動が異なることがわかっています（**図1**）。そのため、一般的な泡の大きさの定義（国際標準化機構 ISO 20480-1 と日本産業規格 JIS B 8741-1）として、0.1 mm（ミリメートル）未満のものを「マイクロバブル」、さらに小さく 1 μm（マイクロメートル、μ は 1 mm の 1,000 分の 1）未満のものを、特に「ウルトラファインバブル」と呼び、区別しています。ここでの泡は、ウルトラファインバブルのことを指します。これらの小さな泡の魅力と、その不思議な現象について解説したいと思います。

泡との出会い──福島県にて

　筆者と泡との出会いについて簡単に紹介します。2011年の東日本大震災

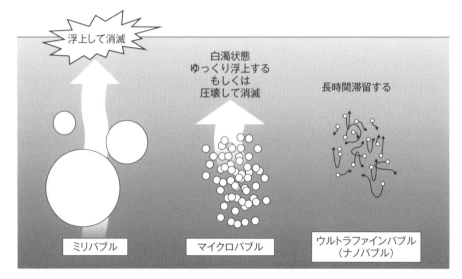

図1　泡の大きさによる水中での挙動の違い

で、環境中に降り注いだ放射性物質を除去する(除染といいます)ために泡を使いました。特に、ナノスケール(ナノは1mmの100万分の1)の気泡を使って除染すると、普通の水と比較して汚れがとれやすいことを発見し、実証研究として活用するに至りました。

　東日本大震災直後、筆者の生活圏は関西であったため直接的な被害は受けませんでしたが、研究環境は一変しました。そのきっかけは、震災中のアメリカオークリッジ国立研究所への出張と、福島県での被災地見学でした。福島県で採取した各種土壌サンプル(**写真1**)を密閉して大学へ持ち帰り、その特性と、放射性物質の取り込みの特性を調査しました。一口に土壌といっても、川砂のようなサラサラした(粘土質の少ない)ものから、有機物が多く含まれる黒ボク土のようなものまで多彩です。福島県の土壌は、川砂以外はすべて粘土質を多く含み、結果として放射性物質(特に放射性セシウム)が粘土と強度に固着し、土壌中から水へと流れ出す可能性は非常に低いことがわかりました。

　一方で、粘土質と固着しなかった(つまり、水に溶けている)放射性物質や、

写真1　福島県の各種土壌サンプル

非常に細かな粉末状の粘土については、除去・収集方法を探すことが課題でした。そこで筆者たちは、様々な溶液を用いて土壌を洗うことで粘土質だけを取り出す、もしくは水に溶けた放射性物質を固体にして集める（凝集・沈殿といいます）実験を行いました。当初、塩酸や硫酸、水酸化ナトリウムなどの強力な酸・アルカリを使ってみましたが、粘土質の除去や凝集効果は確認できたものの、生活における一般的な洗浄などを目的にするには危険な作業も多く、問題は山積みでした。そんななか、ある日、泡の入った水についての話を聞き、実際に使ったのが、筆者の泡の研究の始まりです。初めは半信半疑でしたが、何度か洗浄実験を繰り返してみたところ、主に粘土質の除去に効果があり、洗浄前後で放射性物質の減少度合が大きく、実用化へ光明を見出しました。また、洗浄に使った洗浄液に、色の変化（茶色から緑青色）が見られ、泡が化学的に変化していることを発見しました。なお、この色の変化は、鉄イオンの価数の変化によるものと考えていますが、確証を得るべく、現在も研究を続けています。

　水と空気の泡を用いると洗浄効果が高くなることが証明され、次は効果的な凝集・沈殿の方法を探すべく、洗い流した洗浄液から放射性物質（特にセシウム）を分離する実験に着手しました。セシウム凝集には、ケイ酸ナトリ

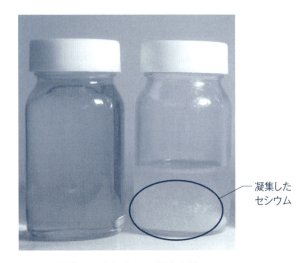

写真2　セシウムの凝集実験

ウムをマイクロバブル処理した特別な洗剤を用いました。このケイ酸ナトリウム水溶液は、強いアルカリ性（pH = 13.1）ですが、人体への影響が少ない物質です。ケイ酸ナトリウム水溶液は、通常は自然に凝集が始まって安定しないのですが、マイクロバブル処理をすることで安定して使うことができました。この洗浄剤の導入により、セシウムの凝集に成功し、洗浄とその後のセシウム回収技術までの一連の流れを確立することができました（**写真2**）。

泡を通した研究の発展

2011年当時、泡を使った除染実験は非常に珍しい方法でした。除染にかかわった筆者たちは、この技術を除染だけではなく他にも利用するために、さらなる応用技術の開発に取り組みました。その1つが、福島県農業総合センターで行った、泡を使って観葉植物を長持ちさせる試みでした。この実験では泡が入った水を使い、切り花の鮮度保持を調査しました。薬品や肥料を使わず、水と泡だけで何ができるのかという懐疑的な現地の人も多かったのですが、テスト試験として花の色を染める試験（**写真3**）を行うと、泡が入っている方の花の色が濃くなることがわかりました。実用化に向けて実験を本

| 泡が入っている | 通常の水 |

花脈の隅々まで着色剤が浸透していることがわかる

写真3　トルコキキョウの着色試験（撮影時の明度などは同じに調整）

格化させたところ、すべての植物に効果があるわけではなく、コギクやリンドウなど小さめの花の方が、泡の鮮度保持の効果が大きいという結果が得られました。

　泡の応用利用を試行錯誤するなかで、泡を化学反応に使う実験に着手しました。1mmの1万分の1くらいの大きさ（100nm（ナノメートル））の泡を使用します。小さすぎる泡は浮力が非常に小さく、普通の泡のように水の表面に浮かび上がるには非常に長い時間がかかります。100nmの泡はいくら「小さい」とはいえ、原子や分子よりは1,000倍以上「大きい」ので、化学反応として直接原子・分子に影響を与えることはほとんどありません。しかし、ある程度大きくなった結晶や、非常に小さな粒（コロイド）に対しては、凝集・沈殿といった効果を与える可能性があります。

　筆者たちは泡の効果の可能性として、化学反応に着目し、光触媒にも利用される酸化亜鉛（ZnO）を生成することにしました。具体的には、硝酸亜鉛とヘキサメチレンテトラミンを使って、水中でZnOが結晶化する際、泡が存在することでつくられる結晶に変化があるかどうか、実験を試みました。この実験を行う際、泡をつくるもとになる気体の種類にも着目し、オゾンや窒素などを用いてみました。実験の結果、泡を使うと出来上がる酸化亜鉛の結晶の量が多くなること、また、窒素よりもオゾンの泡を使った方が、より

酸化亜鉛合成

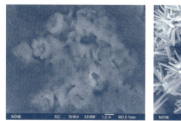
通常の水

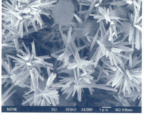
窒素の泡の場合

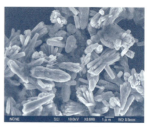
オゾンの泡の場合

写真4　泡を使った酸化亜鉛の合成（結晶の電子顕微鏡写真）

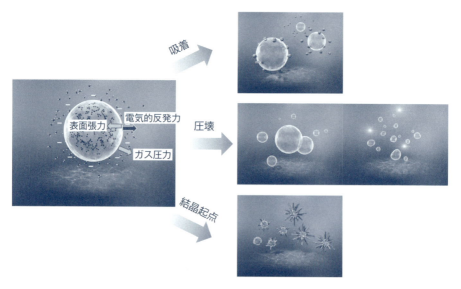

図2　ナノスケールの泡が持つ特徴（吸着・圧壊・結晶起点）

多くの結晶ができることを発見しました（**写真4**）。このような結果が得られたのは、水中にずっと浮かんでいる小さな泡が、結晶をつくるときの「種」になり、結晶ができやすくなるためだと考えています。また、オゾンは、水中で化学反応を促進する（ラジカル反応といいます）効果により、結晶数の増加につながったと考えられます。

　ここまで、観葉植物や化学合成への泡の応用利用を紹介しました。水中に

長時間存在できる泡の性質を使い、水中に溶けている気体を利用できる可能性があります。ただし、どうして泡がいつまでも存在できるのか、また泡と同じサイズの粒子との共存の可能性など、まだまだ分からない部分が多いのも事実です。最近は、泡が壊れる際に物理的な衝撃が発生する、もしくは、水中の泡が何らかの化学反応を起こすのではないかとも考えているところです。また、水中の泡は電気的に帯電しているので、他の物質を集めて吸着するのかについても検証実験を検討中です（**図２**）。

これからの泡

　福島から始まった筆者の泡研究ですが、日本だけで研究を進めてきたわけではありません。泡に関しての技術研究は日本が発祥ですので、日本国内での研究が最も進んでいると自負しています。一方で、海外でも同じように泡に注目した数多くの研究が進んでいます。中国やタイ王国、また欧米各国でも環境・農業などで利用が進んでいますが、今後の泡研究はどこに進んでいくでしょうか。

　実用事例の１つとして、日本では泡を発生させるシャワーヘッドなどの製品が数多く販売されており、国内外で泡の発生装置販売が進んでいます。ただし現状では、泡を発生させることはできても、数や大きさのコントロールが難しいという課題もあります。最新の研究では、マイクロメートルサイズの「ミニチュア実験装置」（マイクロ流路デバイスといいます）を利用して、泡の大きさと個数を自由自在に制御してつくり出す技術が注目されています。この技術を使って泡のまわりに薬品などをコーティングすることで、非常に小さな薬をつくり、体内の必要な細胞などに直接送り届ける技術など、画期的な医療技術が検討されています。

　なお、これらの実用事例については、国際標準化機構において品質・性能・安全性などを評価していますので、近い将来、正確で安心な新しい泡技術としてみなさんに情報をお知らせできると思います。

先端計測技術開発研究室　上田　義勝

環境微生物の利用
―環境汚染の修復を目指して

　生物には、栄養源を得る手段によって「生産者」の植物、「消費者」の動物、「分解者」の微生物がいて、それらの間を栄養素が循環する「食物連鎖」が存在することは、理科の授業で習ったことがあると思います。太陽エネルギーを命の源として植物は光合成をします。動物には、草食動物がいれば肉食動物もいます。また、落ち葉、フン、動物の死骸などは、最終的に微生物が分解することによって無機物となり、植物の栄養分となります。食物連鎖を通して水、酸素、二酸化炭素（CO_2）、有機物や無機物といった様々な物質が循環します。このような食物連鎖による物質循環がどの段階でも停滞することなく順調に流れていくことによって、豊かで美しい自然環境が維持されます。特に分解者の段階で停滞すると、フンや死骸が環境中にあふれることになるでしょう。

　そこで、ここでは普段あまり意識することのない「自然界の掃除屋さん」とも呼ばれる「分解者＝微生物」に注目します。自然界の掃除屋さんは、生物界における食物連鎖の物質循環だけでなく、環境汚染の解決にも一役買うことになりそうなのです。

なぜ環境汚染が起きてしまうのか？

　豊かで美しい自然環境が維持されることが望ましいので、これまでにあらゆる努力がなされてきていますが、いまだすべての環境汚染問題を解決するには至っていません。科学技術の発達で、これまで存在していなかった新し

い化学物質(化合物)がつくられ、私たちの生活が便利になり、生活の質も良くなりました。例えば、医薬品で病気やケガが治り、農薬によって農業生産が向上しました。身のまわりの日用品には、プラスチックがあふれています。こうした化合物のなかには微生物によって分解されにくい(難分解性と呼ぶ)ものも多く、適切な処理をせずに環境中に放出すると分解が進まず、それらが蓄積することになってしまいます。自然界は環境をきれいにする能力をもともと持っていますが、その主役である微生物でも分解できない、あるいは、分解されにくい化合物が環境中に放出されると自然界の物質循環にうまく入ることができず、環境汚染を引き起こすことになります。筆者は、このことをとても深刻だと考え、特に難分解性の環境汚染物質を微生物の力で何とか分解できないか研究をしています。

夢の化学物質から深刻な環境汚染物質へ

　難分解性の環境汚染物質として悪名高いものに、ポリ塩化ビフェニル(PCB)があります。高校で化学を履修した人は、芳香環(ベンゼン環)を知っていると思います。PCBは2個の芳香環が1か所で結合したビフェニルというものに塩素(Cl)が結合した構造をしています(**図1**)。塩素の個数や位置によって色々な種類のPCBがあり、それぞれ化学的性質が違います。酸・アルカリ、熱で分解されない、燃えない、電気を通さない、水に溶けない、蒸発しにくいという性質があり、主に電気機器のコンデンサやトランスなどの絶縁材料として使われました。そのすぐれた性質から「20世紀最大の発

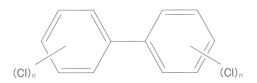

図1　ポリ塩化ビフェニル(PCB)の構造

明品」、「夢の化学物質」といわれ、世界中で販売されていました。

　ところが、1968 年に西日本で起きたカネミ油症事件によって PCB は環境汚染物質の烙印を押されました。食用油の製造過程で誤って PCB が混入し、その油を摂取した人に重大な健康被害が起きました。PCB は水に溶けにくく、油脂に溶ける性質（脂溶性という）があり、生物の脂肪組織に蓄積します。この事件を含め、PCB は 1960 年代後半、環境汚染物質として大きな社会問題になりました。

　さて、PCB が環境中に放出されると、どうなるでしょうか。まずは土壌や地下水に入り込みます。普通ならそこで微生物分解が進むのですが、PCB は難分解性ですので、化学構造が壊れることなくどこまでも流されて、やがては海に流れ出ます。海には様々な生物がいます。PCB は脂溶性のため、生物に取り込まれると簡単には排出されません。食物連鎖による生物濃縮によって、最終的には海の大型ほ乳動物であるアザラシやイルカの脂肪組織に高濃度に蓄積します。海の魚を食べる人間も例外ではありません。なお、世界中で生産された PCB は約 120 万 t（トン）におよび、その約 3 ～ 4 割が環境中に流出したとされています。例えば、PCB が高濃度でもドラム缶などに保管されているなど、ごく狭いところでの PCB 汚染であれば、物理的、化学的な方法で処理できるかもしれません。しかしながら、海のように広範囲に、そして低濃度に環境中に拡散した場合、PCB のような深刻な環境汚染物質をどう回収・分解するのかが問題となります。

ビフェニル/PCB 分解細菌と PCB 分解遺伝子の発見

　これまで人や動物に対して深刻な被害をおよぼす PCB を分解する生物はいないと思われていましたが、1980 年代に入ると PCB を分解する微生物が次々と発見されました。そのなかでも世界的に有名なのは *Pseudomonas pseudoalcaligenes* KF707 株（以下：KF707 株）です。筆者自身も研究に使用している PCB 分解細菌です（**図2**）。福岡県北九州市のビフェニル工場付近の土壌から発見されました。ビフェニルを唯一の炭素

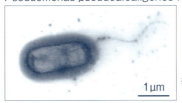

図2　ビフェニル/PCB 分解細菌 KF707 株の分解遺伝子の構造と分解経路の一部

源として分解・生育します。ビフェニルに塩素が結合した PCB も分解でき、その分解力が高い菌です。ただし、すべての種類の PCB を分解できるわけではありません。その後、世界で初めて PCB の分解に関与する PCB 分解遺伝子（bph 遺伝子）が KF707 株から見つかり、その構造と機能が明らかとなっています（図2）。特に、bphA1 遺伝子が PCB の分解特性を決める重要な遺伝子であることがわかり、さらにこの遺伝子を組み換えることで PCB の分解力が向上したり、様々な種類の PCB や芳香環を持つ、他の環境汚染物質も分解できる bphA1 遺伝子がつくられています。さらに機能が改変された bphA1 遺伝子を KF707 株に戻すことで、PCB などの分解力が強化された KF707 株もつくられています。

汚染現場には分解菌が数多くいる―何が起きているのか？

実は、北九州市のビフェニル工場の土壌から発見された PCB 分解細菌は

KF707 株だけではなく、異なる種類の PCB 分解細菌も数多く発見されました。一般に、ある化学物質で汚染された場所でその物質を分解する菌が多く見つかることは不思議ではありません。なぜでしょうか。そもそも土壌にはあらゆる種類の微生物がひしめき合っていて、栄養分となる有機物などを奪い合うように分解しており、微生物にとっては結構過酷な環境なのです。もしも、PCB のような環境汚染物質でも分解して炭素源やエネルギー源として利用して生きていけるなら、「えさ＝ PCB」を求めて分解細菌は集まり、他の菌より有利に増殖できると考えられます。その際、もともとその土地にいる土着の菌との生存競争が巻き起こりますが、やがては汚染現場で最多数派の菌（優占種）になると考えられます。逆に、汚染現場で分解能力を持っていない菌は淘汰されてしまうこともあります。まさに「適者生存」ともいえます。

　最近、KF707 株と同じ場所で発見された十数株の PCB 分解細菌が持つ、すべての DNA を調べました。そうした実験をゲノム解析といいます。その結果、興味深いことに、種類の異なる PCB 分解細菌が KF707 株の *bph* 遺伝子と非常によく似た遺伝子を持っていました。これは、*bph* 遺伝子が他の菌へ移る（転移といいます）機能を持っているか、以前にそのような機能を持っていたことを意味します。そして、*bph* 遺伝子はトランスポゾンと呼ばれる比較的大きな「動く遺伝子」領域に存在していることがわかりました。実際に実験室で、PCB 分解細菌の *bph* 遺伝子を他の菌へ転移させること（接合伝達という）もできます。環境中の細菌間では、このような遺伝子のやり取りが頻繁に起こっていると考えられ、このことが汚染現場で環境汚染物質分解細菌が意外にも容易に見つかる理由の 1 つなのかもしれません。

PCB 分解細菌や PCB 分解遺伝子は、どこからやって来たのか？

　PCB が環境中へ放出され、問題となったのはここ 60 ～ 70 年ほどのことです。それ以前は、生物が PCB に出会うことがなかったわけですので、

PCB分解細菌もPCB分解遺伝子も存在していなかったと思われます。そこで、PCB分解細菌やPCB分解遺伝子の由来について考えてみます。

　PCBは芳香環が2個ある芳香族化合物です（図1）。自然界で芳香族化合物はどこから供給されるのかというと、植物からです。最も多量に含んでいるのは樹木の木材です。木材の主要な構成成分の1つで、「リグニン」という木材を強固にする成分があり、その化学構造には芳香環がたくさんあります（**図3**）。よく見ると、PCBと同じ構造をしたビフェニルの構造もあります。このリグニンも難分解性ではありますが、植物が陸にあがったときから存在している長い歴史のある物質のため、分解できる生物がいます。そのリグニンを分解できる唯一の生物がリグニン分解性担子菌と呼ばれる、簡単にいえば、キノコの仲間です。このキノコが図3に示したような構造をバラバラにするので、芳香環の少ない化合物がつくられます。そうしたリグニン由来の化合物が土壌中に放出されると、それらを利用して生育する細菌によって、CO_2と水へと分解されます。リグニンの末端の分解に関与しているので、このような細菌を「末端リグニン分解細菌」と呼んでいます。

　結局、ビフェニル/PCB分解細菌や分解遺伝子は、この末端リグニン分解細菌や、もともとその菌が持っていた遺伝子が環境に適応しながら進化したものと考えられます。生物の進化においては、新しい機能は既に存在していた遺伝子の改変を経て生み出されると考えられています。末端リグニン分解細菌の場合、当然、リグニン由来の芳香族化合物を分解する様々な遺伝子を

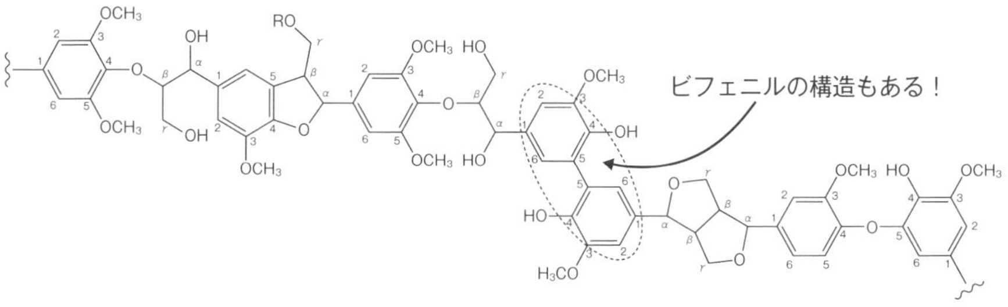

図3　木材の主要な構造成分の1つであるリグニンの化学構造の一部

持っています。それらのうち、PCB などの芳香環を持つ環境汚染物質を少しでも分解できそうないくつかの遺伝子が先祖遺伝子となり、それらの遺伝子が変異や組み換えといった進化の過程を経て、より効率良く、芳香環を持つ環境汚染物質を分解できる新しい遺伝子になると考えられます。遺伝子の複製は正確に行うよう何重もの修正機能が存在しますが、ときにミス（変異といいます）が起こります。変異が起こると遺伝子の情報が変わるので、細菌の持っている機能が変わることがあります。さらに、これらの遺伝子が菌から菌へ転移することで進化が加速する可能性もあります。変異は進化の原動力ともいえます。また、単細胞である細菌は細胞分裂イコール世代交代と考えてよく、早ければ約 20 分ごとに次世代になるので、進化の速度がとても速いです。

　以上をまとめると、PCB 分解細菌は、自然界になかった化合物に出会い、汚染環境下でも分解して生育できるよう環境適応・進化した（している）末端リグニン分解細菌の一種と考えられます。なお、PCB を含め環境汚染物質を分解する細菌は、微生物の環境適応・進化を調べるうえで好材料といわれています。

バイオレメディエーション

　強力な分解細菌を見つけたとか、つくった場合には、菌をまいて汚染現場をきれいにしたくなります。このように、微生物などを用いた環境浄化を「バイオレメディエーション」と呼んでいます。生物＝「バイオ(bio)」と修復・治療を表す「レメディエーション(remediation)」の合成語です。バイオレメディエーションは、トリクロロエチレンなどの有機塩素系溶媒により汚染された土壌・地下水やオイルタンカー事故などによる流出油が漂着した海岸部を対象に実施されることがあります。利点としては、「物理化学的処理法と比較して費用・エネルギーの消費が少ない」、「温和な手法であるため生態系に負荷を与えない」などがあげられます。一方、欠点としては、「浄化に時間がかかる」、「高濃度の汚染物質浄化には向かない」、「分解除去能には限界があ

る」といわれています。繰り返しになりますが、自然環境における広範囲かつ低濃度の汚染では、汚染地域の土壌や地下水などをすべてくみ上げて浄化するのはほぼ不可能です。したがって筆者は、バイオレメディエーションは環境汚染浄化技術として今後も注目されると信じ、環境汚染物質分解細菌の研究を通じてこの技術に貢献したいと思います。

新たな環境汚染

これまで PCB による環境汚染やビフェニル/PCB 分解細菌を中心に書いてきました。PCB、ダイオキシン、そして、これまで農薬として用いられた化学物質などの残留性有機汚染物質（POPs と呼ばれています）については、その削減や廃絶に向けた国際的な取り組みが義務づけられています。加えて、最近、みなさんもご存知のように、プラスチックの海洋汚染が深刻化しています。プラスチックもその多くは難分解性です。また、コロナ禍で活躍したマスクや消毒スプレーの空き容器なども新たなプラスチックゴミ（コロナゴミとも呼ばれています）として問題となっています。また、筆者が気になっているのは、直径 5 mm 以下のマイクロプラスチックが PCB やダイオキシンなどの環境汚染物質を吸着し、これらの「運び屋」になっているという指摘です。その由々しき事態を回避するために、微生物によるプラスチックの分解研究に着手しました。近年、プラスチックを分解する微生物も発見されてきてはいますが、その能力はまだまだ十分とはいえません。ですので、筆者もゴミだらけの環境などに足を運んで、さらに効率的にプラスチックを分解する菌を見つける旅に出るとともに、これまでの研究対象であるビフェニル/PCB 分解細菌も利用して、迅速にプラスチックを分解するための環境バイオテクノロジーに貢献したいと思います。

バイオマス変換研究室　渡邊　崇人

私の研究道具―金型

　最近、夏の暑さがますます深刻になっています。このままでは地球温暖化によって人類は地球に住めなくなるかもしれません。地球温暖化を抑えるためには、大気中に存在する二酸化炭素（CO_2）を減らす必要があるといわれています。CO_2を減らすためには、木をたくさん使うことが効果的です。なぜなら、木は樹木が生きている間に大気中のCO_2を吸収してつくった材料だからです。樹木を切って新しい樹木を植えて、

木のかけら　　　金型の部品1　　　金型の部品2

熱と圧をかける　　できあがったカップ

金型を使って木のかけらからカップができるまで

切った樹木からつくった木の製品を使い続ければ、CO_2 は減少していくはずです。しかし、切った木を使うのは思った以上に大変です。従来の方法によって木をまともに使おうとすると、慎重に乾燥させたうえで目的に合わせて正確に切る必要があります。近年、比較的簡単に木を使う方法として金型を使った画期的な方法が発明されました。樹木を砕いて小さくした木のかけらを、乾燥させないまま金型に入れて熱をかけながら圧力をかけて木材を押し固めると、カップをつくることができます。このように、新しい方法では、小さな木のかけらから簡単に製品をつくることができます。

　この方法では、金型の形状を変えることによって、木から色々な形の製品をつくることが可能です。将来的には、例えば飛行機や自動車の部品など、より大きなものがつくれるようになると期待されており、筆者たちはそのための研究も行っています。現在、飛行機や自動車の部品には、石油からできたプラスチックに加えて、加工に石炭を消費する鉄鋼が多く使用されています。石油や石炭を使うとたくさん CO_2 が出るため、プラスチックや鉄鋼の代わりに木で製品をつくれば、CO_2 を減らすことができます。さらにこの方法では、住宅を解体したときに出た木くずからも製品をつくることができます。現在、木くずの多くは燃やされており、これによって CO_2 が大量に排出されています。そこで、この方法を使って木くずから製品をつくることができれば、さらに CO_2 を減らすことができます。

　まさに金型は、地球温暖化対策の秘密兵器といえるのではないでしょうか。

生物機能材料研究室　田中　聡一

私の研究道具―木材強度試験

　私たちが生活や社会活動をするうえで欠かせないものの1つに建築物があります。そして、地球環境にやさしい木材を使って、これまでにない建築物、例えば、ショッピングセンターや高層ビルを建てようという動きが世界的に広まっています。筆者たちはその一環として、木材の強さを調べたり、木材でつくった建築物の一部を取り出して、その強さを調べる実験を行っています。

　木材は自然材料で1本1本個性があります。鉄もコンクリートも自然

木材で建物模型をつくり、強さを競うコンテスト Woodrise2023（フランスボルドーで開催）の様子

材料ですが、鉄は製造段階で一定量の炭素を加えて鋼となり、その強度は安定します。コンクリートは石や砂にセメントと水を混ぜてつくる段階でそれぞれの量を調整し、安定した強度を得るように設計されます。さらにコンクリートを圧縮に、引張を安定した強度を持つ鉄筋に負担させ、鉄筋コンクリートとして、工業製品化が図られています。一方で、木材は個性を残したまま使わざるを得ません。一般に建築材料として使うのは、針葉樹と呼ばれるスギ、マツ、ヒノキなどです。スギ、マツ、ヒノキでそれぞれ強度が違います。さらに同じスギでも違いがあって、弱い材料と強い材料を比較すると2倍とか、3倍とかの違いがあります。加えて、同じ1本の樹木からとれた材であっても取り出されたところ、例えば、根に近いところか遠いところか、材の中心に近いところか遠いところかによって強さが違います。強さはわかりませんが、曲がりやすいか曲がりにくいか、といった「堅さ」は壊さずともわかります。そこで様々な木材を、試験機を使って破壊させたところ、堅い木材ほど強いということがわかり、堅さから強さを予想し、構造材料として利用しています。割りばしで例えるなら、両手に割りばしを持って曲げてみて、あまり力をかけなくても曲がってしまうのは折れやすい、逆に曲がりにくいのは折れにくいといった具合です。

　さて、木材は古くから建築材料として使われています。職人さんは木を見て、どこにその材料を使うか、大きな力がかかる場所なのか、あまり力がかからない場所なのか、乾燥して曲がるならどちらの方向かなど、建物内で使われる位置と将来の木材の変化を読んで建築物に使っていたといわれます。本当なのか確認してみたいところですが、残念ながらそんなことができる職人さんがいなくなってしまいました。

生活圏木質構造科学研究室　五十田　博

私たちの研究道具―世界に広がる研究者コミュニティ

　本書の執筆者が集う京都大学生存圏研究所は、わが国の共同利用・共同研究拠点（共共拠点）の1つに認定されています（https://www.mext.go.jp/a_menu/kyoten/）。共共拠点は、個々の大学の枠を越えて大型の研究設備や大量の資料・データなどを全国の研究者が共同で利用したり、共同研究を行ったりするためのハブのような役割を担います。本書のコラム記事でご紹介したMUレーダーをはじめ、私たちの研究所には世界的にもユニークな研究設備があり、それらを国内外の研究者にも広く利用してもらっています。つまり、サステナビリティ学のさらなる発展のために、世界中の研究者が集まって研究を進めるとともに、得られたデータを広く公開しています。本書で書ききれなかった共共拠点の活動を、ホームページやSNSで発信していますので、ぜひご覧ください。

　ありとあらゆる学術分野に精通した研究者なんて世界中のどこにもいませんし、個々の研究者が研究に費やせる時間や資金にも限りがあります。研究者1人ひとりの力は小さくても、それらを集約して大きな力にする、…何やらどこかで聞いたような言いぐさですが、サステナビリティという課題の大きさゆえ、研究者同士がつながって研究を進めていくスタイルは必然です。研究「道具」と呼ぶのは正しくないですが、共共拠点の1つでもある京都大学生存圏研究所で研究を行う私たちにとって、これが存在しなかったらサステナビリティ学は成り立たないといっても過言ではない、そんな「必需」な存在が研究者コミュニティです。

高橋　けんし

4

いにしえに学ぶサステナビリティ

人と木との つながりを 未来へ伝える

　四季折々、随所で木の美しさや文化に触れ、木の恩恵にあずかることの多い日本に住んでいると、つくづくと「日本は木の文化の国だなぁ」と感じる人も多いのではないでしょうか。地名、人名、諺（ことわざ）、読み物、文具、食器、住宅、家具など、毎日様々な形で、木を感じながら生きているといっても過言ではないと思います。でも意外なことに、小学校でも中学校でも、木材そのものについて学ぶ機会は少ないように感じます。そのせいか、「木って丸太のどこから成長しているか知っている？」と老若男女に聞くと、「真ん中！」と自信たっぷりに答えてくれる方が少なからずいらっしゃいます。本当は、木は樹皮近くの形成層と呼ばれる部分で成長しているので、丸太の中心は、木が赤ちゃんだったときにできた部分なのです。木の中心が朽ちて（くちて）なくなってしまっているのに、葉を茂らせ、花を咲かせている木を見たことがある人もいらっしゃるのではないでしょうか。

　最近では、木の名前や用途をあまりよく知らない人も増えてきています。以前、「日本の好きな木は？」と聞いたら、「マホガニー！」と答えた学生がいて、多少なりともショックを覚えたことがあります（マホガニーは筆者も好きな木材ですが、海外の木…）。

　私たち日本人が、どのように木と向き合って生きてきたのかを考えるうえで有名な話が日本書紀に書かれています。「スサノオノミコトは、日本には船がないと困るだろうといって、髭（ひげ）を抜いてまくとスギに、胸毛はヒノキに、お尻の毛はマキに、眉毛はクスノキになった。そして、スギとクスノキは船に、

ヒノキは宮殿に、マキは棺桶に使うようになった」というものです。もちろん、スサノオノミコトの毛が木になったという話は、神話ならではのファンタジー感が否めないのですが、実際に遺跡出土材の調査により、船にはスギやクスノキが、宮殿にはヒノキが使われている事例も判明してきているそうですので、古代には、そのとおりの使い分けがされていたことがわかります。古代の人々の、木に対する知恵に感銘を受けます。京都大学のシンボルツリーはクスノキなのですが、時計台前ですくすく育つクスノキを見上げるたび、スサノオノミコトの眉毛かぁと、1人でニヤニヤしてしまいます。このように木が神様の毛であるという観念は、実は日本以外でも見られるようです。中国の古い神話についての本を読んでいたところ、半神の人間である巨人盤古が死んでしまうとき、毛髪は星に、体毛は草や木になるという記述を見ました（諸説あるとのこと）。つまり古代の日本や中国で、木は神様の何らかの毛と認識されていたようなのです。神様の毛の恩恵にあずかって、様々な木の文化を花開かせてきたことを思うと、古代人と木との間に神秘性すら感じられる、秘められた深い関係が隠されているように感じませんか。

木を顕微鏡で見て、歴史に思いをはせ、未来に目を向ける

　筆者は、木彫像やお寺などの古い建造物など、木でつくられていまに伝わっている木製品の木の種類を見分けて、美術史や民俗学などと学際的に見つめる研究に取り組んでいます。木の樹種を見分けるというと、「なーんだ、木の種類なんて、木を手にとって目で見れば簡単にわかるでしょ？」と思われる人もいるかと思います。実は、筆者も若い頃はそう思っていました。けれど、いざ木を手に取って何の木か見分けようとすると、意外と…、いえ、かなり難しいのです。経験値にもよりますが。そこで、筆者たち木材解剖学に携わる研究者は、基本的に顕微鏡を使ったりX線を使ったりして木の内部の木材組織を観察して木を見分けようとします。木のなかがどのようになっているか、ご存じの人は多くはないかもしれません。実は木は、均質というよりは、様々な複雑な構造をしている組織が組み合わされてできています。

それを筆者たちは顕微鏡などで観察して、樹種ごとの特徴を調べていきます。

　例えば、日本人ならよく知っているであろうスギとヤマザクラ。この２つは、針葉樹と広葉樹のグループに分かれます。スギはご存じのとおり、針のようにとんがった葉っぱが集まっています。サクラは、和菓子で有名な桜餅の外側についた葉っぱを見てもわかるように、丸くて広がった葉を持っています。こんな風に葉っぱの形状から、針葉樹と広葉樹に分けられるスギとヤマザクラですが、顕微鏡で木材内部のうち木口面（バームクーヘンでいうと、年輪がリング状に並んでいる面）を観察すると、まったく違う様子が観察できます（**写真１**）。とても簡単に説明すると、スギは、仮道管と呼ばれる組織がずらりと均質に並んでいます。一方のヤマザクラは、道管と呼ばれる水の通り道である小さな穴が年輪内のあちこちに点在しています。木材解剖学の観点からは、道管があるものは広葉樹、ないものは針葉樹といえます（実は例外もあるのですが）。また、同じ広葉樹でも、道管に注目すると、その配置や大きさが樹種によって異なります。紙面の関係で割愛しますが、樹種を見分けるためには、木材の３断面から様々な解剖学的な特徴を拾い集める必要があります。３断面を、筆者が愛してやまないバームクーヘンを使って説明すると、年輪がリング状に見えている上面を木口面、誕生日のホールケーキを等分するように包丁を入れる面を柾目面、そして年輪に沿って縦方向に

 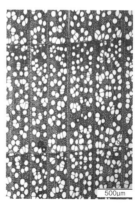

写真１　左：スギの木口面　右：ヤマザクラの木口面

切った面(あまりこういった切り方はケーキではしませんが)を板目面と呼び
ます。このような３断面から薄片を作成して顕微鏡で解剖学的特徴を観察す
ることで、難易度に差はありますが、おおよそ属レベルまでの木の種類を見
分けることができるのです。

　筆者たちは、お寺などの修復現場や、文化財の修理所に協力して、建築古
材や仏像にどういった木の種類が使われていたのかを調べています。何の木
が使われているのかということがわかると、とても興味深いことがわかるこ
ともあります。

　例えば、お寺で手を合わせる仏像、日本では古くはクスノキを使って制作
されていたようなのですが、東京国立博物館や(国研)森林研究・整備機構森
林総合研究所の研究により、８世紀から９世紀頃にかけて、カヤという木で
できた仏像が多いことが判明しています。カヤというと、茅葺き屋根に使わ
れる茅を想像する人もいるようなのですが、そうではなくて、高級な将棋盤
や碁盤にも使われている、とてもいい匂いのする美しい木目の木材です。ア
ーモンドのような形の実を皮ごとフライパンで炒って、中身を食べてみたこ
とがありますが、少し苦みのある香ばしい味がします。相撲の土俵の鎮めも
のの１つとしてカヤの実が納められると聞いたことがありますが、そういっ
た点からもこの木には何らかの日本文化との関係や神聖さが感じられます。
筆者たちの調査でも、カヤが木彫像に使われている事例をたくさん見つけて
きました。その後、時代とともにヒノキも使われるようになりますし、また
広葉樹も加わってきます。様々な時代の仏像の材料の調査をしながら、樹種
の変遷を眺めると、森から木を伐り出した人の手、仏像を彫った人の真剣な
横顔、仏像に手を合わせてきた、たくさんの人々の笑顔や涙、そして仏像を
いまにいたるまで守り抜いてきてくれた、たくさんの人々の息遣いが感じら
れて、いつも胸が震えます。木の種類を見つめる研究は、決して使われた材
料そのものを明らかにすることだけが目的ではありません。木を通して、遠
い昔に生きていた人々の思いに寄り添い、信仰や樹木への向き合い方を紐解
くことにつながると考えています。なぜその時代にその木が選ばれたのか、

そして選ばれなかった理由は何か。そこには実用的な理由に加えて、広い意味での「暗黙知」と呼んでもよいかもしれない、当時の人々の木への向き合い方、信仰といった側面も隠されている、そう思いながら研究を進めています。

人と木とのつながりを未来へ伝える―材鑑調査室の紹介

　さて、当研究所には木材標本をコレクションした、材鑑調査室と呼ばれる施設があります（写真2）。材鑑調査室は、1978年に国際木材標本室総覧に機関略号 KYOw として正式に登録されたことを契機に、1980年に設立されました。約2万点の木材標本や約1万点のプレパラート、そして様々な歴史的建造物修理の際に寄贈いただいた貴重な古材標本などが保管管理されています。材鑑調査室では、これらの木材標本を活用して、木材に関係した様々な科学的調査が進められています。近年では、人と木とのかかわりを調べる文理融合的な研究なども推進しています。当研究所の前身でもある京都大学木材研究所、木質科学研究所、そして現在の生存圏研究所へと引き継がれてきた、これらの貴重なお宝標本は、木材研究に携わられてきたたくさんの先生方、研究者、スタッフのご尽力のたまものです。筆者たちは、そのように守り継がれてきたタイムカプセルともいえるお宝を、さらに未来へ正しく伝えていくため、努力していきたいと思っています。

写真2　材鑑調査室バーチャルフィールド

ここで少しだけ材鑑調査室の展示の一部をみなさんに紹介します。
（1）法隆寺心柱（**写真3**）
　世界遺産法隆寺五重塔に使われていたヒノキの心柱の輪切りが保管されています。（独）奈良文化財研究所により、年輪年代測定が行われました。推定樹齢455年以上とのこと。近づいてみると、まず年輪の狭さに驚きます。直径約80cmの丸太にガラス越しで顔を近づけると、場所によっては1mmにも満たない年輪も観察できます。人の人生の何倍もの時間をかけて静かに静かに成長し、心柱として長い間建物を支え、さらに標本として過去の記憶を未来へと伝えるこの心柱の円盤。畏敬の念を持ちながらいつも眺め

写真3　左：直径約80cmの法隆寺五重塔心柱の断面　右：年輪部分の拡大写真

写真4　様々な歴史的建造物の古材

ています。

（2）歴史的古材（**写真4**）

　千葉大学名誉教授の小原二郎先生が寄贈くださったものをはじめ、様々な研究者たちが尽力し、収集してくださった各時代を代表する多数の歴史的建造物由来の古材が展示されています。色も香りも変わってきている1つ1つの古材に触れると、古い時代に木を伐り、建物をつくり、修理をし、そして守りながら、いまにつなげてきてくださった、たくさんの人々の顔、そして建物が辿ってきた歴史が目に浮かびます。

（3）木材標本室（**写真5**）

　材鑑調査室の心臓部分ともいえるのが木材標本室です。日本に限らず、世界各地から集められた木材標本。いまではひょっとしたら手に入れられない標本もあるかも。温湿度管理された部屋にぎっしりと並べられています。番号を振ってあり、データベースから検索することができます。

（4）伝統工芸品の数々（**写真6**）

　日本でつくられている様々な伝統工芸品が陳列されています。木材そのものの様々な色が生かされる寄木細工や彫刻、あるいはお面や桶樽の類など、日本人が木と向き合いながら獲得してきた温故知新の知恵の一端を見ることができます。

　材鑑調査室は、毎日一般のみなさんに向けて開館しているわけではありませんが、毎年秋には京都大学 宇治キャンパス公開の開催に合わせて見学いただける機会を設けています。よろしければ一般公開に合わせてお越しいただき、木の文化の一端を味わっていただけたら光栄です。

　さて、木と人との歩みを研究してきたなかで、筆者が最近思っていることを少しだけ最後に書かせていただきたいと思います。

　島国である日本は、海外諸国から伝わった文化に影響を受けながら、それらを選択し、独自の美意識・日本文化を構築してきたといえます。自然を神聖なものとして、巨木や山に神を重ねた日本人にとって、木はともに歩んできた最も重要な自然の1つであり、豊かな精神世界や文化構築において、欠

写真5　木材標本室

写真6　木工芸の数々

かせなかったと感じます。

　もちろん、いま、高度な社会に生きている私たち現代人は、古代人とまったく同じような形や距離感では木と向き合ってはいないでしょう。けれど、ふと立ち止まって日本文化を見つめたとき、日本文化のあちこちで、木に込められた信仰や観念は決して消えることなくつながってきているように思います。これだけ様々な材料が開発されていても仏像は木でつくりますし、門松は必ずマツで、しめ縄が巻かれた巨木を見れば手を合わさずにはいられない。夜泣き止めのマツを境内で見つけたときには、泣く子を連れて真剣に拝

みますし、節分にはヒイラギの葉を探してスーパーをはしごする（笑）。筆者みたいな「普通の」日本人、少なくないのではないでしょうか。

　仏像をはじめとした様々な文化財の樹種を調査したり、あるいは茶室に使用される樹種について思いをはせたりするとき、やはり日本人は木を重んじ、木に生かされてきたという感覚に陥ります。現代のアニメでも文学でも映画でも、木はあちこちの場面で出てきますよね。そこに描かれる木は、ただの単なる「木」ではなく、トチノキやケヤキやマツといったふうに、樹種に何らかの意味を持たせているものが少なくありません。つまり、日本人の心の動きを表したり、描いたりするうえで、樹種には古代から日本人の心に訴えかける、何かしらの精神性が込められているように感じます。

　いまに伝わる古い文学、絵画などにも、たくさんの樹木が描かれていますが、その時代その時代に生きていた人々と木との密接な結びつきや文化、社会背景をこれらの樹木が私たちに教えてくれるかもしれないと強く考えるようになっています。木材解剖学だけを駆使しても、人が樹木とどのように向き合ってきたかという軌跡を、線や曲線ではっきりと描くことは難しいだろうことは容易に想像できます。けれど、「ネガティブケイパビリティ」という言葉で表現されることもある「不確かさや曖昧さを受け入れて性急に答えを急がない能力」でもって、過去の人々と自然との関係に寄り添い、ゆったりと声を聴き続ける地道な研究を行うことも、現代を生きる私たちが未来の豊かな日本のためにできる大事なことではないかと考えています。様々な木製文化財の樹種や年代を紐解き、そして同時に絵画や書籍に描かれたり記されたりした、みずみずしい樹木を見つめることで、当時の木と人との関係を追究し、未来に伝えたい、そんなふうに思っています。木材解剖学にたずさわる一研究者として過去の樹木や文化財を見つめ、そこから見える古代人の心に寄り添い、その心を未来へとつないでいける、そんな温かみのある研究を、ここ京都大学の材鑑調査室を中心に繰り広げていけたらと思います。

木材科学文理融合研究室　田鶴　寿弥子

日本の伝統文化と植物科学を結ぶ「紫」の糸

日本の伝統文化を支えた高貴な植物
—禁じられた色「紫」の主とは

「託馬野に　生ふる紫草　衣に染め　いまだ着ずして　色に出にけり」

笠　郎女（万葉集　巻三　三九五）

　これは、笠郎女が大伴家持に贈った歌の１つです。解釈としては、野に生えるムラサキを大伴家持に見立て、彼に対する想いがまだ遂げられていないのに、それが人に知られるようになってしまった、という片思いの歌とされています。笠郎女は生没年不明の女性ですが、万葉集には彼女の歌が 29 首も収録されていて、その数は女流歌人としては２番目の多さです。しかも、そのすべてが家持に贈った恋の歌とされています。その時代のことですから、現代とは異なり家柄や身分の違いなど大きな障壁があって、かなわぬ恋であったのでしょうか。それでも一途に家持に歌を贈り続けたとのことですから、大変に情熱的な女性であったことが窺い知れます。

　この紫草という植物、万葉集だけでも 17 首も詠まれている特別な植物なのです。和名は「ムラサキ」。草丈が 50 ～ 100cm になるムラサキ科の多年草で、初夏から晩夏にかけて可憐な白い花をパラパラと次々に咲かせる植物です（図１）。この植物、根が赤い色素を根皮の部分にたくさん蓄積し、その根を「紫根」と呼びます。実に、聖徳太子が活躍していた飛鳥時代（592 ～ 710 年）の頃から日本の伝統文化を高い次元で支えてきた、とても重要な植

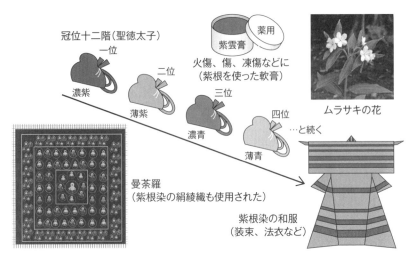

図1 ムラサキの根が支えた日本文化

物なのです。

　読者の多くは、聖徳太子の「冠位十二階」を学校で習いましたよね。家柄にとらわれず能力のある人を上の地位につけるという、当時としては画期的な施策でしたが、その意図は訪問してきた国外の来客でも一目見て誰が一番上の位(くらい)かパッとわかるように、位に応じて紫、青、赤、黄、黒などの色に濃淡を付け、冠の色を12段階に分けたというところにあります。政治に色を持ち込んだ日本最初の例だと思います。一番上の位は「大徳」という名で、その冠は深い紫色ですが、それを染めたのがムラサキの根(紫根)だったのです(図1)。

　この例に限らず、濃い紫色は天皇家や、公家、位の高い僧侶だけが着ることを許された「禁色(きんじき)」として、その後も江戸時代にいたるまで1,000年余りも高貴さの象徴でありました。ちなみに、江戸歌舞伎の役柄の1つ「助六」のシンボルは紫色のハチマキです。これも紫根染めで、奈良や京都の紫根染め(京紫、古代紫)に対して江戸紫という名で呼ばれていました。江戸紫の方が、やや青みがかった色合いだとされています。当時、武蔵野の地がムラサキの大規模栽培で有名でした。なお、時代劇などで、病気の殿さまが白装束に紫

色のハチマキをしている姿を見ることがありますが、あれは「病鉢巻」といって、結び目が左にきています。それとは逆に、エネルギーの象徴である助六の紫色のハチマキは、頭の右側で結びます。

　ムラサキの根は、掘り起こすと新鮮なうちは赤いのですが、乾燥すると水分が飛んで黒紫色になります。この色はシコニンという特殊な赤色色素で、水には溶けにくく、油やアルコールによく溶ける脂溶性の性質を持っています。シコニンはそれ自体鮮やかな赤色ですが、布を紫色に染めるには媒染剤が必要となります。これについては、後で詳しく説明しましょう。

　そもそも紫根染めには様々な流儀や技法があるのですが、その一例を紹介します。紫根は金気を嫌いますので、石臼や木臼を使って木の杵で紫根を細かく砕きます。それに熱めの温湯を入れてよく色素をもみ出します。シコニンは水に溶けにくいので、赤黒く濁った染め液が得られます。そこに絹などの布を浸すと、いったん薄く赤黒く染まりますが、綺麗な色ではありません。それを媒染液に浸すと、布はパッと紫色に変わります。この媒染液ですが、昔からツバキの灰を使うのが王道です。暖かい地方に自生するヤブツバキの生葉が良いといわれ、それを燃やしてつくった灰を水に溶いたものが媒染液です。この1回の操作では、布はうっすらと紫色に染まるだけですので、一度水洗いを挟んで染め液につけ、また媒染液につけ、という操作をひたすら何度も繰り返します。その繰り返しで徐々に紫色が濃くなるのです。流儀にもよりますが、12回を採用している染め屋さんや、36回以上も染める染色家もいて、実に様々です。問題なのは、この紫根の染め液はその日しか持たないということです。1日で十分な色が出なければ、翌日もまた根を砕くところから染色作業を繰り返すのです。そのたびに紫根は新たに必要となりますので、人にもよりますが、1反を染めるのに13kgの紫根を使うこともあります。

　こうした紫根染めで有名なところは日本各地にありました。東北地方では南部紫根と呼ばれる高品質の紫根を使った染めが岩手で盛んだったり、秋田県の鹿角も紫根染めでは有名でした。紫根染めは希少な植物を使い、手間も

多くかかることから、大変高価な染物になりますが（図1）、現在でも人気が高く、日本各地で紫根染めの着物を製造販売しているところがあります。ところが、媒染に使うヤブツバキは常緑高木で、もともと温暖な地方にしか生えていません。そこで東北などでは、寒い地方でもよく育つサワフタギというハイノキ科の植物を使います。では、なぜヤブツバキやサワフタギの灰で、赤いシコニンが紫色に変わるのでしょうか。それは、これらの植物がアルミニウムをたくさんためるからです。シコニンはアルミニウムイオンと結合すると、赤から鮮やかな紫色に変わります。昔の人はアルミニウムのことなどは知らずに、経験的にアルミをためる植物を紫根染めの媒染剤にしてきたのです。

薬としても重要なムラサキ（紫草）の色素「シコニン」

　シコニンという化合物について少し紹介しましょう（**図2**）。この化合物は、ムラサキ科のなかでも限られた植物種だけがつくる特殊な成分です。面白いことに、この化合物はアルカリ性にすることで、真っ青な色素になって水に溶けるようになります。この性質が、紫根染めで赤みを出したいときに染液に酢を入れる、青みを出したいときには弱アルカリの灰汁で染めを止める、といった細かな技術につながっています。シコニンの化学構造の解明に取り組んだのは黒田チカ先生（1884 ～ 1968 年）という化学者で、彼女は日本で最初に女性博士となった研究者の1人です。教員としてお茶の水女子大学で教鞭をとっておられました。シコニンには、赤色色素という特徴以外に、抗菌活性、抗腫瘍活性、肉芽形成促進活性、止血活性など、様々な薬理活性が知られていて、薬用植物としても長い歴史があります。いまでも薬局でよく見るのが、紫雲膏という軟膏で、火傷、霜焼、外傷、痔疾などによく効く薬として使われています（図1）。大学によっては薬学部の学生実習で、この赤い軟膏をつくることもありますが、実際火傷には良く効きます。痔の薬として知られるボラギノール（天藤製薬(株)）も、もともとは京大病院の院内処方だったもので、昔は座薬にも紫根が使われていました。現在は飲み薬の方

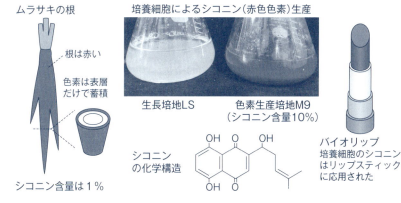

図2　シコニンとムラサキ培養細胞

に使われています。その他の市販薬としては、口内炎のパッチ薬にも使われています。

　ムラサキは現在、絶滅危惧植物に指定されています。実際、60年前には何十株も生えていた自生地でも20年前には数株に減り、現在では1本も見られなくなってしまったところもたくさんあります。原因は種々ありますが、大きかったのは明治になって安い化学染料が入ってくるようになったことです。苦労してムラサキを育てて、大変な労力を払って紫根染めをする必要がなくなってしまい、それでムラサキ栽培が廃れていきました。そこに、温暖化に代表される環境変化がムラサキの生存に不向きになってきたことが追い打ちをかけています。また、ムラサキはキュウリモザイクウイルス（アブラムシが媒介）に極めて感受性が高く、すぐ感染してウイルスが全身にまわり、その年のうちに死滅してしまいます。

　もう1つ問題なのが、外来種のセイヨウムラサキの存在です。セイヨウムラサキはムラサキと同属の植物ですが、シコニン含量が低く産業上は価値がありません。ただ一方、生命力が強くて種子の発芽率も高く栽培しやすいため、「ムラサキ」の名で苗が販売されていたり、薬学部の薬用植物園のムラサキの場所に、誤ってセイヨウムラサキが植えられていることも結構あります。あるとき、「日本のムラサキといって種をもらい、何年も大事に育てていたが、

本当にムラサキか鑑定してほしい」という依頼が筆者のところにあり、植物体を送ってもらいました。筆者のところでは両者を区別できる遺伝子マーカーを開発していましたので、DNA 増幅技術の PCR で調べたところ、実はセイヨウムラサキだったということもありました。一度繁殖してしまうと、人の手で駆除しないと帰化してしまうリスクがある植物です。さらに、セイヨウムラサキはムラサキと染色体数が同じで交雑が可能であるため、ますます日本古来のムラサキの絶滅に拍車がかかることになります。外来種との交雑というと、オオサンショウウオの件が報道されますが、日本の歴史や伝統文化の観点からは、ムラサキも重要な生きた資産ですので、もっと一般に認知されてもいいのではないかと考えています。

絶滅危惧植物のムラサキとシコニンを科学する

こうした背景もあり、1970 年代に京都大学薬学部の田端守先生の研究室でムラサキの培養細胞を使ったシコニン生産研究が始められました。その後、三井石油化学（現・三井化学（株））が色素生産培地 M9 を開発し、ムラサキ培養細胞を使ったシコニン生産の工業化に世界で初めて成功しました（図２）。この生産系では、細胞あたり 10％ものシコニンをつくることができます。植物体の根からは、１％程度しかシコニンが得られないので、飛躍的な生産向上を達成したことになります。ここでつくられたシコニンは、赤い脂溶性の色素ということで、リップスティックに応用され、1980 年代のバイオ化粧品として大ブレイクを記録しました。もともと肌や傷の塗り薬として長い歴史があったことから、化粧品への応用は理にかなっていたのかもしれません。この培養細胞系は、その後の基礎研究にとっても良い材料となり、シコニンがどのように細胞内でつくられるかが、遺伝子レベルでも明らかにされてきたのです。

2024 年５月、筆者にとってムラサキに関する大きなトピックがありました。国宝「高雄曼荼羅」（通称）の実物を国立奈良博物館の空海展で拝見したことです。この曼荼羅は、真言密教を日本に伝えた空海（弘法大師 774 〜

835年）が存命の間に制作した現存唯一の両界曼荼羅で、2022年に6年の歳月をかけて230年ぶりに修復されたことを受けて展示されたものでした。この両界曼荼羅は平安時代初期にあたる9世紀の作で、従来より高雄山神護寺に伝わったことからその名があります。二幅の大きな綾織の布を紫根染めにし、そこに金銀泥を使って大日如来を中心に諸尊が描かれているもので、それぞれ胎蔵界曼荼羅と金剛界曼荼羅と呼ばれ、密教の世界観を示すとされています（図1）。高さ、幅ともに4ｍはあろうかという大きな掛け軸で、その色たるや、紫色を通り越して黒く見えるのに圧倒されました。紫根染めはそもそも貴重なものですし、濃く染めるには何十回と染め直さねばなりません。しかも染め液はその日しか持ちません。一体どれだけの紫根を使って染めたのだろうか、と思いました。これ以外にも十二天像が描かれた平安時代の掛け軸（国宝）や、鎌倉時代の五大尊像（五大明王、重要文化財）も展示されていましたが、これらも絹を紫色に染め、その上に諸尊や炎が生き生きと描かれていました。紫根染めは、本当に大切なものを象徴する色として使われているのだ、ということを改めて深く印象に留めた見学となりました。

　シコニン自体は培養細胞でつくれるようになってはいますが、いま筆者は、日本から消えようとしているムラサキ植物体を何とか守りたいと考え、日本各地のムラサキ栽培者を訪ねて、その株の来歴や各地方の栽培技術などの聞き取り調査をしています。それらの情報に、かつての自生地の土壌や地質の情報を加え、ムラサキを里山に戻すのに必要な条件を絞り込んでいます。また、佐賀大学の岡田貴裕先生らの協力を得て、各地で細々と生きながらえているムラサキのゲノム情報を調べ、「全国ムラサキマップ」を作成しているところです。万葉の時代より税として育てられたため、人の手を介して広まった部分もあるでしょう。このムラサキの1,400年の旅路を、ゲノムから解き明かせないかと考えています。そして、この国の伝統文化を支えてきてくれたムラサキに、何か恩返しがしたい。その一心でムラサキの研究を続けています。

森林圏遺伝子統御研究室　矢﨑　一史

木炭─古くて新しい
材料のヒミツ

木炭は単なる焼けた木ではありません。この黒い宝石は、私たちの生活を
豊かにし、環境を守る隠れた力を秘めています。日本人と木炭とのかかわり
は非常に長い歴史を持っています。愛媛県で発見された古代の洞窟から人骨
や石器などと一緒に発見された30万年前の木炭片は、木炭が人類の歴史と
どれほど深く結びついているかを物語っています。日本の炭焼き技術は、豊
かな山林と融合し、何世紀にもわたって文化と経済を支えてきました。

昭和初期の日本では、町の至るところに「炭屋」と呼ばれるお店があり、そ
こで練炭や豆炭などの炭が売られていました。人々はそれを買って、料理を
したり暖房に使ったりしていました。しかし、昭和30年代には炭の時代が
終わりを迎え、多くの炭焼き職人たちは姿を消しました。石油や電気といった
新しいエネルギー源が普及したことで、炭の需要が急速に減少しました。そ
の結果、炭焼きを生業とする人々が減少し、多くの山村が過疎化しました[1]。

地球環境を守るため、木炭の有効活用が科学的根拠と多くの人々の理解に
もとづいて進められることが重要です。筆者たちは、木炭の特性と利用法に
ついてさらに研究を進めています。木炭は、私たちの生活と環境をより良く
するための重要な素材です。ここでは、木炭が持つ驚くべき特性と、現代に
おけるその意外な利用法を探ります。

木炭とは何か

たき火後に残った黒い木片とバーベキュー用の木炭は、どう違うのでしょ

168 いにしえに学ぶサステナビリティ

表1　木材から木炭への変化

変換過程	温度範囲	無酸素状態における現象変化
熱減成	60 ～ 200℃	高分子が低分子に分解される
熱分解	160 ～ 450℃	セルロースの骨格が崩壊する
木炭化	260 ～ 800℃	黒化し、煙の発生が止まる
炭素化	600 ～ 1,800℃	新たな芳香族環が形成される
黒鉛化	1,600 ～ 3,000℃	芳香族環が規則的に配列する

うか。木材はセルロース、ヘミセルロースやリグニンなどの成分でできており、空気が少ない状態で加熱すると、これらが分解されて炭素が残ります。たき火後に残った黒い木片は、空気が多い環境で燃えた燃えカスで、灰分を多く含んでいます。

　木材は炭素、酸素、水素が主に含まれています。この木材を 160 ～ 450℃で加熱すると熱分解が起こり、260 ～ 800℃で炭化、600 ～ 1,800℃で炭素化、1,600 ～ 3,000℃で黒鉛化が生じます（**表1**）。空気が少ない環境ではガスが燃焼せず、小さな炭の結晶が不規則に並ぶ非黒鉛質炭素に変わります。その結果、表面積が大幅に増加した多孔質の炭が生成されます。これが木炭の生成過程です。木炭の特性を理解することで、さらに多様な利用法が見えてきます。

木炭の特徴

　木炭にはもともとの木材の組織がそのまま残っています。木炭は内部に多数の小さな孔を持つことが特徴です。これにより、木炭の表面積は大幅に増加します。例えば、木の内部で水や栄養分を運ぶ道管や仮道管がハニカム構造（ハチの巣型）の孔に変わります。これらの孔をつくる細胞壁中には、さらに 1 nm（ナノメートル）前後の非常に小さな孔（ミクロ孔）があります。木炭のミクロ孔は、炭化する際に細胞壁内部に形成されるのです。木炭 1 g の表面積は 200 ～ 400m^2 で、これはテニスコートと同じくらいの広さです。ミクロ孔は細胞壁のなかに含まれており、木炭の表面積を大幅に増加させる

169

役割を果たしています（**写真 1**）。これは、穴が多い土地が、平らな土地よりも表面積が広くなるのと同じ原理です。これらの孔は小さすぎて肉眼では見えませんが、その特性は多様な用途で役立っています。これらの孔は悪臭などの分子を捕まえて臭いを除去する能力があります。孔が多いた

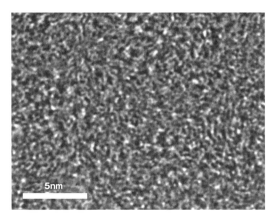

写真 1　ブナ材の電子顕微鏡格子像（図中の無数の明るい部分がミクロ孔（約 0.4nm））

め、この効果は長持ちします。また、孔の大きさが異なるため、様々な大きさの分子を捕まえることができます。木炭は多目的に利用されます。また、孔のなかに存在する空気が、土をふっくらさせる効果もあるため土壌改良にも使われます。木炭の構造は原料となる木の種類によっても異なります。広葉樹材からつくられた炭は酸素分子を比較的多く含む細胞壁からなるため、針葉樹材からの炭よりも着火性が良く、火力が強いです。

木炭の利用

　木炭はその独自の多孔質構造をいかして、多岐にわたる応用が可能です。例えば、消臭効果があります。木炭の微細な孔が悪臭の原因となる分子を効果的に吸着します。木炭の表面の pH 値は、炭化温度によって変化します。比較的低温で炭化された炭は酸性を呈し、高温で炭化された炭はアルカリ性を示します。この特性を活用して、特定の臭いを効率的に吸着するように炭の性質を調整できます。

　木炭は水の浄化にも使用されます。炭の微細な孔が汚れや不純物を吸着し、清浄な水を生成します。炭の表面の pH 値は浄水能力にも影響を及ぼし、アルカリ性の炭は特定の有害物質をより効果的に吸着します。また、木炭は土

壌に混ぜることで作物の成長を促進します。炭の孔に肥料を吸収させて土に混ぜることで、肥料を徐々に放出します。これにより、植物は必要な栄養分を長期間にわたって得ることができ、健全に育ちます。

　木炭は汚水処理にも利用されます。炭の孔が汚染物質や毒素を吸着し、清浄な水を取り戻します。特に、農業や工業から排出される汚水の処理に有用です。このように、木炭は日常生活の様々な場面で役立っています。多孔質な構造により吸着性能が向上し、これをいかした消臭や浄水などの用途で、環境保護や生活の質の向上に大きく貢献しています。

伝統的な木質炭素の利用例：駿河炭

　駿河炭は、静岡県駿河地方で製造される特別な木炭です。駿河炭は研磨炭としても知られ、金属工芸や漆器の仕上げに利用されます。例えば、京都迎賓館の桐の間には全長 12 m の漆の大テーブルがあり、このテーブルは曇りのない鏡のように周囲の景色を映し出します。この美しい仕上げを実現するために、駿河炭が使用されています[2]。

　駿河炭は明治時代の初期に静岡県で誕生し、約 150 年の歴史を有し、全国の職人たちに使用されてきました。この炭は、特に漆器や金属工芸の研磨に用いられ、製品の表面を滑らかにし、美しい光沢を与えるのに役立っています。駿河炭の製造に使用されるアブラギリは炭化により得られる高い硬度と緻密な構造により、炭として非常に優れた材料であり、駿河炭の原料として最適です。駿河炭は他の炭と比較して硬く、細かい粒子を持つため、研磨に非常に適しています。駿河炭を製造するには、高度な技術と豊富な経験が必要で、職人たちは山奥に入り、アブラギリの木を探し出し、適切な温度で火入れを行います。火入れの際には、温度を細かく調整する必要があり、職人の技術が重要となります。例えば、福井県おおい町では、駿河炭を製造する職人の技術と情熱により、駿河炭の伝統が守られています[2]。

　駿河炭は、特に漆器や七宝焼きなどの金属工芸の研磨にも用いられます。駿河炭の細かい粒子を構成する材中の道管の内壁には「ひだ」が規則的に並ん

171

でいます（写真2）。このひだは、大根おろし器の目に似ており、農機具や日用品の研磨にも利用されます。金属や木材の表面が滑らかになると、耐久性向上に役立つといわれています。第二次世界大戦後、駿河炭の生産は一時中断しましたが、現在も駿河炭の製造技術は非常に貴重であり、今後もこの伝統を守り、その技術を次世代に伝えていくことが重要です。このように、駿河炭はその特別な特性と豊かな歴史により、日本の文化と工芸を支える重要な素材となっています。

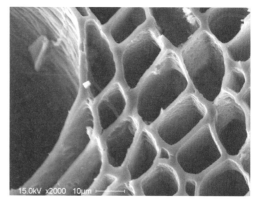

写真2　駿河炭（アブラギリ炭）の道管と柔細胞

革新的な木質炭素の利用例―宇宙機の表面保護

　宇宙船や人工衛星の表面を保護するためにも木炭の研究が行われています。ここでは、素材としての木炭を木質炭素と呼ぶことにします。なぜ木質炭素が宇宙で有用なのか、その理由と利用方法について説明します。

　宇宙空間は非常に過酷な環境です。高い放射線、極端な温度変化、そして酸素がほとんどない真空状態にあります。こうした環境で宇宙船や人工衛星を守るためには、特別な材料が必要です。木質炭素は、その特性からこの役割に適しています。まず、木質炭素は非常に軽くて強いです。このため、宇宙船や人工衛星の重量を増やすことなく、しっかりと保護することができます。さらに、木質炭素は熱をよく吸収し、放出する能力があります。これにより、宇宙機の温度を安定させ、極端な温度変化から守ることができます。

　宇宙空間では、材料が帯電することや真空下でガスが放出されることが問題となります。しかし、炭化した木材、すなわち木質炭素はこれらの問題を解決します。炭化することで木材は電気を通し、ガスを放出しなくなるか

らです。また、宇宙空間には「原子酸素（AO）」という材料を劣化させる要因があります。AOは、低軌道で飛行する宇宙船や人工衛星に影響を与え、材料を侵食します。しかし、木質炭素はこのAOに対しても耐性があります。研究によると、広葉樹材からつくられた木質炭素は、AOに対して特に強い耐性を持つことがわかっています。一方、針葉樹材からつくられた木質炭素は、AOに対してやや弱い耐性を示します。これは、広葉樹材に含まれる酸素が豊富な構造がAOに対して強い抵抗力を持つためです[3]。

このように、木質炭素はその特性を活かして宇宙機の表面を保護するのに適しています。現在、宇宙船や人工衛星の表面保護材として、木質炭素の利用が進められています。これにより、宇宙機が長期間にわたって過酷な宇宙環境に耐えられるようになります。木質炭素の応用は、今後もさらに研究が進められ、より多くの宇宙機に採用されることが期待されています。その結果、宇宙探査や通信衛星など、私たちの生活に密接にかかわる技術がさらに進化するでしょう。

木炭は古くから利用されてきましたが、その物語は過去に留まるものではありません。現在、私たちは木炭を持続可能な方法で利用することで環境保護に貢献し、木炭のエネルギー資源としての価値も再評価されています。伝統的な炭焼き技術と現代の革新的なアイデアが融合し、新しい物語を紡いでいます。この物語の続きを、私たちの未来のためにともにつくり上げていきましょう。

[参考文献]

[1] 立本英機：トコトンやさしい炭の本、B&Tブックス、日刊工業新聞社、2002

[2] 輝く漆 真っ黒の炭が磨く、日本経済新聞、文化欄、朝刊、2022年11月10日

[3] T.Hata et al.：Microstructural Changes in Carbonized Wood-Lignin under Atomic Oxygen Irradiation as a Potential Space Material, Biomass Conversion and Biorefinery, 2023

居住圏環境共生研究室　畑　俊充

オーロラの記録をさかのぼり、宇宙環境の未来を予測する

文献資料にあるオーロラの記録

　古記録や古文書などの文献資料には、オーロラと思われる記録が多く残されています。日本、中国、朝鮮では、赤気や白気として多くの文献資料に登場し、日本では日本書紀（西暦620年）、藤原定家(ふじわらのさだいえ)の『明月記(めいげつき)』（西暦1204年）、本居宣長(もとおりのりなが)の日記（西暦1770年）がよく知られています。明治生まれの天文学者・神田茂は、赤気や天赤などが記されている日本の文献資料を集めました。オーロラの記録か疑わしいものを含めると、記録は西暦620年から1928年まで28回あると述べています。平均的には約50年に1回の割合でオーロラが記録されたことになります。世界にも数多くの記録があります。8世紀にシリア語で書かれた『ズークニーン年代記』の余白には、オーロラと思われる図像が描かれています[1]。さらに古いものとしては、紀元前7世紀に古代アッシリア人によって刻まれた粘土板の記録があります[2]。

特別な赤いオーロラ

　かつて東アジアで赤気や天赤と表現されたように、文献資料に記録されているオーロラの多くは赤色です。赤色のオーロラは日本など緯度が低い地域で見えるオーロラの特徴の1つで、2024年5月に日本各地で見えたオーロラの主な色も赤あるいは紫でした。同じオーロラでも、北極や南極の夜空を舞うオーロラの多くは薄い緑色で、姿、動きはまったく異なります。

174 　いにしえに学ぶサステナビリティ

緯度が低い地方で見られるオーロラのもう1つの特徴は、出現頻度が低く、滅多に見ることができない点です。その理由は、「オーロラ・オーバル」と呼ばれるオーロラが明るく光っているベルト状の領域の位置にあります。オーロラ・オーバルは北極や南極を帯状に取り囲み、普段はアラスカ、カナダ、アイスランド、ノルウェー北部などの緯度帯にあります。緯度が低い地域にいる人々にとってオーロラ・オーバルははるか遠くにあり、普段はまったく見ることができません。しかし、オーロラ・オーバルが十分に拡大すると、日本でオーロラが見えるようになります。

オーロラって何？

　そもそもオーロラとは何でしょうか。オーロラを一言でいうと「超高層大気の発光現象」です。気体が光るという点では雷や蛍光灯と原理は同じです。オーロラは高さ100から数百kmのとても高いところで光っていて、そこでは大気の密度は地上の百万分の1程度しかなく、人は宇宙服なしでいることができません。密度がとても低いとはいえ、窒素や酸素などの分子や原子は存在し、これらに宇宙空間から降り込んでくる高エネルギーの粒子が衝突することでオーロラが発生します。つまり、オーロラは超高層大気を構成する粒々が放つ光の集まりなのです。

　地球には高エネルギーの粒子が集中的に降っていて、オーロラが光っているところがあります。オーロラ・オーバルです。なぜ、オーロラ・オーバルでは大量の粒子が降っているのでしょうか。

　地球の近くの宇宙空間には高エネルギー粒子が多く集まった領域が広がっています（**図1**）。プラズマシートと呼ばれ、数百万から数千万度の温度を持つ電子や陽子などの粒子が多く集まっています。電子や陽子は磁力線に沿って動きやすいという性質があり、プラズマシートに蓄えられていた電子や陽子の一部は磁力線に沿って超高層大気に向かって落ちていきます。その結果、オーロラが光ります。つまり、プラズマシートを磁力線にそって地球に投影したものがオーロラ・オーバルというわけです。通常、電子の降り込み量は

175

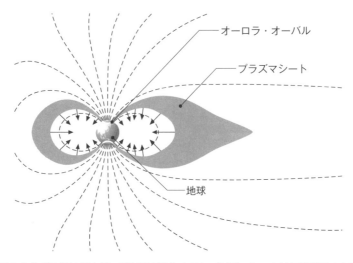

地球から伸びる線は磁力線。磁気嵐が発生するとプラズマシートは矢印が示すように地球側に移動し、オーロラ・オーバルが緯度の低い方に拡大する

図1　プラズマシートとオーロラ・オーバルの関係

陽子より多いので、明るいオーロラは降り込み電子によって光ります。オーロラ・オーバルは電子の線状降水帯といえます。

いつ低緯度でオーロラが見えるのか

　いつオーロラ・オーバルが広がり、低緯度でオーロラが見えるようになるのでしょうか。「磁気嵐」と呼ばれる現象が起きると、低緯度の地域でオーロラが見えるようになることが観測によって知られています。このとき、オーロラ・オーバルは大きく拡大し、プラズマシートが地球側に移動することも人工衛星による観測で確かめられています。

　磁気嵐は、地磁気が地球規模で数日間乱れる現象です。太陽フレアなどの影響によって太陽から吹きつける電気を帯びた粒子の風（太陽風）の速度が上がり、太陽の磁場が大きく南を向くという2つの条件が重なると、磁気嵐が発生します。

　磁気嵐の規模を示す指標として、Dst（storm-time disturbance）指数

がよく使われます。この指数は低緯度の地磁気変動を平均化したもので、値がマイナス側に大きくなるほど磁気嵐の規模が大きいことを意味します。1957 ～ 2024 年 9 月までの Dst 指数の最小値は、1989 年 3 月に記録された－589nT（ナノテスラ）です。この磁気嵐のとき、メキシコやカリブ海でもオーロラが見えたそうです[3]。しかし、カナダのケベック州で長時間の停電が発生するという問題が起こりました。

　巨大磁気嵐には電力網に大きな影響を与える負の側面があり、社会インフラの防護という観点からも高い関心が寄せられています。1989 年 3 月の磁気嵐よりも規模が大きい磁気嵐は、19 世紀から 20 世紀前半にかけて何度か発生しており、電信線の障害や送電設備の異常が報告されています。

　現代社会は電力に大きく依存しています。数百年に 1 度起こるような非常に規模が大きい磁気嵐が発生したとき、どのような影響を受けるのでしょうか。巨大磁気嵐の発生頻度はとても低く、その詳細や影響はよくわかっていません。長期間の観測データが必要ですが、近代的な地磁気観測が行われるようになったのは 19 世紀以降で、限界があります。

文献資料から読み解くいにしえのオーロラと磁気嵐

　19 世紀より前に発生した磁気嵐の規模を知るほぼ唯一の手がかりは、文献資料に残るオーロラの記録です。昔の人々も夜空に現れる光に魅了されたようで、オーロラを目撃した場所、日時、方角、色、動きなどが克明に記された文書が世界中で多く残されています。オーロラ・オーバルの位置と磁気嵐の規模の間には良い対応関係があることが知られており[4]、オーロラに関する文献資料からオーロラ・オーバルの位置を推定し、磁気嵐の規模を推定できるのではないかと期待されています。

　1770 年 9 月に東アジアの広い範囲で目撃されたオーロラについて紹介します。日本では、北は松前藩（北海道）から南は薩摩藩（鹿児島）まで、中国大陸でも各地で見えたとの記録があります[5]。オーロラ・オーバルが大きく広がったと考えられ、巨大な磁気嵐が発生していたことは、ほぼ間違いで

しょう。

　文献資料から、1770年9月に発生したオーロラには3つの特徴があることがわかりました。1つ目は異常な明るさです。一般的に低緯度オーロラはとても暗く、この数十年間に日本で見えたオーロラは肉眼で見えるかどうかの明るさでした。しかし、1770年のオーロラは、満月の夜のように明るく（愛知県）、燃えるような光で文字や手のしわも見えた（愛知県）、互いの顔が見えるほどだった（京都府）、などの記述があり、低緯度オーロラは暗いという常識を破る異常な明るさだったようです。

　2つ目は高さです。愛知県で描かれた図版には、地平線付近から高く立ち上る赤い筋が描かれています。同じ愛知県には、燃えるような光が北にあり北極星を超えたという記録もあります。これらの記録から、地平線から少なくとも北極星がある仰角約35度の高さまで赤いオーロラが広がったと推測することができます。

　3つ目は継続時間です。現代の観測によると低緯度オーロラの継続時間は長くても2晩ですが、1770年9月10日～19日までの約10晩、ほぼ連続して日本からオーロラが見えたようです[5]。もちろん、日中はオーロラを見ることができません。

　1770年9月に日本各地で見えたオーロラを計算機シミュレーションで復元することを試みました[6]。シミュレーションに与える条件を様々に変えてオーロラの発光分布を計算し、文献資料にある明るさ、高さ、色に関する記録を説明するために必要な条件を求めました。

　江戸時代に人工衛星はありませんから、オーロラの原因となる降り込み電子に関する情報はありません。1989年3月の大磁気嵐のときに人工衛星が観測した電子の量をシミュレーションに与えてみましたが、その結果生じるオーロラはとても暗く、各地の記録を説明できません。オーロラを文字が読めるくらいの明るさにするためには、その10倍以上も電子が降らなければならないことがわかりました。

　オーロラの発光シミュレーションから推定した1770年9月のオーロラ・

178 ｜ いにしえに学ぶサステナビリティ

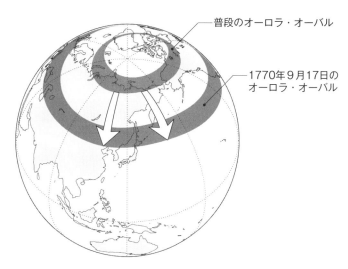

図2　文献資料と計算機シミュレーションを組み合わせて推定した1770年9月のオーロラ・オーバルの位置

オーバルの位置を図2に示します。オーロラ・オーバルが大きく拡大し、少なくとも北海道はオーロラ・オーバルにおおわれていたようです。地平線から北極星（仰角約35度）の高さまで赤いオーロラが広がったという愛知県の記録や、青森ではオーロラがほぼ真上に見えたという記録とも合致します。

超巨大磁気嵐に備える

　大きな磁気嵐の原因は、太陽表面の爆発現象である太陽フレアです。太陽フレアの規模が大きいほど規模が大きい磁気嵐が発生しやすくなります。巨大太陽フレアの発生頻度は低いため、その発生確率はよくわかりません。そこで、太陽とよく似た恒星で起こるフレアを調べ、太陽で超巨大フレアが発生する確率を推定する試みがなされています。最新の研究によると、観測史上最大とされる太陽フレアの20倍以上の規模を持つ超巨大フレアが数千年に1度の頻度で発生する可能性があるそうです[7]。私たちがまだ観測したことがない超巨大磁気嵐が、いつか発生する確率はゼロではないのです。
　現代社会は電力に大きく依存しており、その依存度は今後も高まっていく

ことでしょう。超巨大磁気嵐が発生した場合、現代社会は安全といえるでしょうか。この問いに答えるためには、起こりうる磁気嵐を想定し、その被害の程度を予測しておくことが重要です。

　まず、1859年に発生した観測史上最大規模の磁気嵐が再び起こったと仮定し、日本の送電網に対する影響を評価しました[8]。私たちが送電線を流れる異常電流(地磁気誘導電流)を測定している3か所の変電所については問題はなさそう、という結果でした。しかし、国内にある多数の変電所や発電所に対する影響は不明で、巨大磁気嵐に対して日本の送電網は安全か、という問いに対する答えはまだ出ていません。

　文献資料と計算機シミュレーションを組み合わせて過去の宇宙環境を復元するという文理融合研究は、まだ始まったばかりです。計算機シミュレーションの強みをいかし、文献に記されている出来事を定量化することで、超巨大磁気嵐の発生メカニズムを解明し、将来起こりうる激烈な宇宙環境変動を予測することができるようになるかもしれません。こうして得られた知見は、防災のための想定シナリオ作りや警戒システムの構築に活用することができ、いつ発生するかわからない超巨大フレアから社会インフラを守るために役立つことでしょう。

[参考文献]

[1] Hayakawa ほか：doi：10.1093/pasj/psw128, 2017
[2] Hayakawa ほか：10.1186/s40623-016-0571-5, 2016
[3] Allen ほか：doi：10.1029/89EO000409, 1998
[4] Yokoyama ほか：doi：10.1007/s00585-998-0566-z, 1998
[5] Hayakawa ほか：doi：10.3847/2041-8213/aa9661, 2017
[6] Ebihara ほか：doi：10.1002/2017SW001693, 2017
[7] Notsu ほか：doi：10.3847/1538-4357/ab14e6, 2019
[8] Ebihara ほか：doi：10.1186/s40623-021-01493-2, 2021

生存科学計算機実験研究室　海老原　祐輔

木材が過ごした時間を科学で解き明かす

モノと時間

　先日、ご近所に住む年配のご夫婦から絵本のお下がりをいただきました。お子さんが小さい頃によく読まれたのか、破れたページに透明のテープで補修が施されていました。もう20～30年前に出版された本で、補修に使われたテープにも経年感が見られます。絵本の補修には2種類のテープが使われていました。1つはセロハンテープです。セロハンテープによる補修箇所は、粘着力が失われてテープが紙からはがれ、また、テープ本体も折り曲げると割れてしまいます。もう1つは、本の補強や補修専用のテープ（いわゆる「透明ブックテープ」という商標のもの）です。こちらは、若干の変色が見られるものの、破れた紙をつないでスムーズにページをめくれるようにするという役割をいまも十分果たしていました。もちろん、セロハンテープと補修専用テープでは、求められている役割が元来異なりますので、数十年後の劣化とテープそのものの優劣は直接にはつながりません。補修専用テープは、紙を長い期間つなぎとめておくことも役割の1つとしてつくられているというだけです。もともとは同じような「透明のテープ」であったのに、製品設計が違うと何十年後の劣化状態がまったく違います。

　「材料の劣化」には色々なパターンがあります。もう1つ、劣化の例を紹介します。先日、職場で大掃除をする機会がありました。歴史の長い研究室にはありがちなことですが、部屋の奥から、いつから存在するのかわからな

い古い実験用品がどっさり出てきました。そのなかで、プラスチック製の容器は手で持っただけで割れ、ひどい場合は粉々になり、「わー！マイクロプラスチックが出てきたー！」と息を止めてゴミ袋に放り込みました。一方で、測定機器などを納めた木の箱もいくつか出てきました。ふたの裏に「昭和18年」（1943年）と書かれたものもありましたが、表面の変色が見られること以外は、箱のなかの木製緩衝材も含めて容器として十分な機能を保っていました。プラスチックの容器も木の箱も、同じような環境で長い間、ただ静かに置かれていただけですが、プラスチックは粉々になり、木材は現役でした。この例から、素材によって劣化のスピードがまったく異なるということがわかります。プラスチックは、自由な形や色の製品をつくることができ、しかも安い、とても優れた材料です。しかし、先述のプラスチック容器が製造されたとき、何十年も使われるとは想定されなかったに違いありません。それに対して木材は長く持ちます。世代を超えて引き継がれる家具や家、日本はもちろんのこと、世界各地に残る歴史的木造建築、世界の美術館や博物館に収められている道具や木彫像、絵画、楽器など、木材は、何十年から何百年、時には1,000年を超えても「モノ」として残り続けます。古民家やアンティーク家具、オールドバイオリンのように、経年が評価されて価値が上がることもあります。

　樹木は生きていくために葉を広げ、葉を支えるために枝や幹を伸ばし太くします。それを人間は伐り出して木材として利用します。樹木の寿命が何十年から何百年にもおよぶことを考えると、もともとは樹木の体であった木材が、材料として長い寿命を持つことは納得できます。もちろん、樹木が幹や枝をつくる際に、「そのうち人間に使ってもらおう」とは一切考えていないでしょうから、人間が樹木を材料として見つけて、その性質に合わせてうまく使ってきたということになります。法隆寺（奈良県）の大修理や薬師寺（奈良県）西塔の再建に尽力された西岡常一棟梁によると、「樹齢千年の木は堂塔として千年は持つ」と大工の間でいわれているそうです。そして、いにしえの人々は、木材（特にヒノキ）の材料寿命は著しく長いことを知っていたとも述

べています[1]。森林生態学者の小山浩正博士（元・山形大学教授）は、樹木には二度の死があるといっています[2]。一度目は生物としての樹木の死です。その後、山にあれば小動物の棲家となり、最終的には虫や菌類などの栄養となって分解されて第二の人生を終える。人間社会にあれば、利用の仕方次第で、炭素を貯蓄しながらとても長い第二の人生を送るとしています。

　さて、私たちは現在、どのくらい長く使うことを想定して木材を利用しているでしょうか。実際のところ、木材はどのくらい長持ちするのでしょうか。ここから、私たちの「古い木材」にまつわる研究の話をしていきたいと思います。

木材は儚いのか、しぶといのか

　「木材って弱いな」と思われる瞬間があるかもしれません。街を歩くと、日光と風雨にやられて灰色茶色、穴が空いてボロボロになった門扉や塀が見られると思います。木材が屋外でボロボロになる仕組みは主に３つあります。紫外線が木材の成分を分解し、それを風雨や砂塵が削り取り、黒い着色汚れがつき、削られた部分にまた紫外線があたって成分を分解し…と、このサイクルを繰り返しているうちに木材表面は変色してデコボコになります。また、湿った場所では菌類が木材を腐らせます。木材を食べるのが好きな虫がやってきて穴ボコにもなります。こうなると木材は著しく弱くなり、早急に取り替えなければいけません。これらは非常に迅速に進むので人間にとって厄介で、専門的にはこれらをまとめて「木材の劣化」として取り扱います。木材の劣化によって人命や財産が脅かされないよう、数多くの研究と技術開発が続けられています。

　一方、適切で丁寧なメンテナンスをすると、木材は非常に長持ちします。７世紀に建てられた法隆寺の伽藍は、現存する世界最古の木造建築群として知られており、そこでは建設当初の木材が、1,300年の時を超えて現役で建物を支えています。法隆寺のほかにも、日本各地に歴史的木造建築が残っており、木材の材料寿命が100年単位の長いものであることがわかります。

では、丁寧に保存された木材の性質は当初のまま、つまり樹木から伐り出されたときのままなのでしょうか。冒頭に紹介した木の箱はせいぜい80年前のものでした。何百年も経つと、木材の強さやしなやかさは失われないのでしょうか。

古材研究のあれこれ

木材が古くなるとどうなるかを調べるには、実際に古くなった木材、つまり「古材」を調べます。古材の性質には古くから関心が持たれていたようで、100年程前の1930年代にはすでにいくつか報告が出されています。そして今日に至るまで、多くの研究者が古材の性質を調べてきました。

1933年、「古材は新材よりも、湿度が変動したときの変形が小さいのではと議論されてきたが…」との前置きから始まる報告が、イギリスのThe Forest Products Research Boardから出されています。このときの実験によると、古材と新材では湿度の変動に伴う変形の程度は同じだったそうです。同じ頃（1936年）の日本でも帝室林野局林野會発行の『御料林』で、「法隆寺ヒノキ古材の物理的・化学的性質を調べたところ、新材と変わらなかった。これはヒノキの寿命が驚くほど長いことを示している」との報告がされています。

一方で、古材の性質が新材と異なることを前提として進められた研究もあります。フランス、ルーブル美術館の「モナ・リザ」は、キャンバス地ではなく、ポプラの1枚板の上に描かれています。このポプラ板には、周辺の湿度変化の影響で反りや歪みが生じていました。さらに困ったことに、絵の上端からモナ・リザの額にかけて板のひび割れが進展し、それを食い止めるために裏側に支持木が追加されていました。モナ・リザ制作以来、500年以上経過したポプラ板の性質は、新材とは異なる可能性があります。支持木も含めた湿度への応答、適切な保管条件など、実測とシミュレーションから検討されました。そして現在、モナ・リザは湿度を一定にコントロールした透明のケース内で展示されています。

184 　いにしえに学ぶサステナビリティ

長年の議論、ついに決着か

　ここに、木材の研究者であり人間工学者でもある小原二郎博士（千葉大学名誉教授）の有名な研究結果があります [3]。それは、「ヒノキは、伐採後200年ほどの間、より強く、より曲がりにくくなり、その後、1,000年かけて穏やかにそれらの性質は低下していくが、それでも伐採されて間もない新しい木材と同程度の性能を維持している」というものです。このロマンティックな結果は木材ファンや自然素材ファンの心をとらえ、小原博士が書かれる文章の魅力も手伝って多くの人が知るところとなり、海外の研究者にも引用されました。ところが、木材の研究者の間では、この結果には長らく疑念が持たれていました。小原博士は、戦後間もない頃に寺院から多数の古材を集め、細心の注意を払って実験をされました。しかし当時は、木材の年代を科学的に測定する方法が未発達であり、「○○○年前の木材である」という数値に科学的根拠をつけられなかったことが疑念の理由の１つでした。

　当研究所には、材鑑調査室と呼ばれる木材標本を保管・展示・研究する施設があります（「**人と木とのつながりを未来へ伝える**」参照）。この材鑑調査室のとてもユニークな点は、約620点（2024年時点）におよぶ貴重な古材のコレクションを持ち、それを研究用の試料として研究者に開放していることです。多くの研究所メンバーが尽力し、歴史的木造建築にかかわる方々の理解と協力のもと、貴重な古材を提供いただいてきました。何と、あの小原博士が収集された古材も、200点あまりを博士から寄贈いただいています。これらのコレクションをいかし、当時在籍していた研究所メンバーで、木材の研究者を長年モヤモヤさせていた古材研究の結果を、科学的年代測定をするなど従来の懸念材料を取り除いて再検証することとなりました。

　その結果、「ヒノキの強度や曲がりにくさは1,000年を超えても変わらない。しかし、初期の200年で強度などが上がるというデータは得られなかった」との結論が得られました。ヒノキは1,000年を超えても新しい木材と同程度の性能を維持していることが、最新の方法をもっても改めて確認され

ました。ただし、「初期に上がる」という事実が確認できなかったことを残念に思われる人もいらっしゃるかもしれませんし、ヒノキの1,000年を超える長い材料寿命を示したという点では同じ結論ですので、新規性は目減りするように感じられるかもしれません。それでも、科学の発展を取り入れて、「でも、あれって本当なのかな？」が「改めて京都大学で調べた結果、そうとはいいきれないそうだ」と、その時点で最善を尽くして結論を出すのも研究者の重要な仕事です。それにしても、現代の手法をもって改めて確認された、1,000年を超えても初期と同じ強度や曲がりにくさを保っているという事実には、やはり驚かされます。

ニセ古材をつくる試み

　古材研究の再訪だけでは物足りないので、応用として「ニセ古材」をつくることにしました。ヒノキの強度は変わらないと前述しましたが、変化する性質もあります。例えば「色」です。木材の色は、時間が経つとだんだん濃くなります。色が濃くなるような化学反応が、非常に長い時間をかけて進行しているのです。一般的に、化学反応は温度を上げると速くなります。例えば、140〜160℃くらいに設定した実験用オーブンに木材を入れておくと、温度にもよりますが、数日で古材と同じような色になります。短い時間で古材の色を持つ木材が手に入るのです。ただし、科学的に厳密にいうと、常温で起こる反応が高温下で促進されたとはいいきれません。経年によって起こる化学反応とはまったく異なる化学反応が起こって、たまたま同じ色になっただけかもしれません。このあたりのことは、後で述べたいと思います。

　ニセ古材の作成には学術的な意義があります。まず、古材とは何か、木材の経年変化とは何かを知る手がかりになります。ニセ古材と本物の古材を比べ、高温の処理で再現できることと再現できないこと（常温・長期間でしか起こらない現象）を明らかにすることで、古材とは何かに迫っていきます。また、ニセ古材を使って、貴重な古材ではできないような実験や、古材で実験をする前の予行演習ができます。木材が生物として元来持っている材料の

ばらつきをできるだけ除いた実験をすることもできます。

　さて、ある本物の古材と同じ性質を持つニセ古材を実験用オーブンでつくり、これをつくるために必要だった温度と時間を記録します。次に、先ほどと同じ性質のニセ古材を、今度はオーブンの温度を変えてつくり、また必要だった時間を記録します。この作業をいくつかの温度で行い、同じように時間を記録したとします（図1）。そのいくつかの温度と時間のセットをグラフに描いてみましょう。すると、温度と時間の間に一定の法則が見つかりました。そしてグラフの線を延長すると、その法則が本物の古材ができるまでの温度と時間、つまり私たちが暮らしている環境の温度と木材が経た何百年もの時間の間でも成り立つことが発見されました。ニセ古材も本物の古材も、「通る道」と「ゴール」（「化学反応の過程」と「性質の変化」）は同じで、温度によって通過スピードが違うだけということです。同じ道をオーブンの中の高

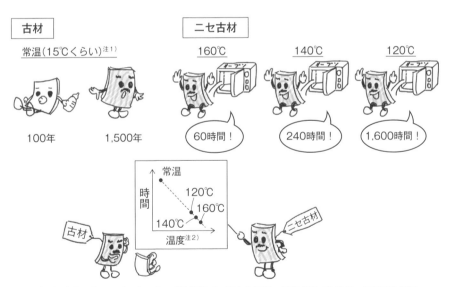

注1）奈良にあるいくつかの古い木造建築で、屋内の気温・湿度を調べた結果、年間平均気温は約15℃であることがわかった。
　2）実際には、絶対温度の逆数を横軸に、時間あるいは速度の自然対数を縦軸にすると、このような直線に近いグラフになる。

図1　古材と同じようなニセ古材をつくる条件を調べるときのイメージ[4]

い温度では猛スピードで通り、低い温度では何百年もかけて通っているのです。このことを「時間－温度換算則が成り立つ」といいます。この考え方は、さらに時間－温度－湿度換算則まで拡張しても成り立つことがわかっています。本物の古材はニセ古材の延長にあるというと、何やらパラドキシカルですが、これで、常温でゆっくりと起こる変化が高温下で促進されたということができます。この研究の最も楽しい面の１つですが、まだ限られた木材の性質でしか調べられておらず、研究途上です。

　ここでは100年や1,000年といった長いスパンの話をしてきました。寺院など歴史的木造建築の大規模修理の際には、数百年後に来る次の修理までのことを考えて、いまの修理をするそうです。かたや、これまでの社会を振り返ると、いまこの瞬間に最大の効果・最高の性能を発揮することがすばらしいとされてきたように思います。この価値観のもと生み出されるものは、きらびやかで魅力的ですが、しばしばサステナブルの対極にあります。これまでの1,000年と、これからの1,000年を考える古材の研究は、文化財のような特別なもののためだけではなく、私たちの未来と現在のとらえ方にも寄与するものでありたいと考えています。

[参考文献]
[1] 西岡常一：木に学べ、小学館ライブラリー２、小学館、1991
[2] 小山浩正：ヒトの心に生き続けられるか、森の時間119－山形大学農学部からみなさんへ－、荘内日報 2017 年 12 月 16 日
[3] 西岡常一、小原二郎：法隆寺を支えた木、NHK ブックス、1978
[4] 松尾美幸 原作、髙木美和 作画：生存圏って何？？実は長持ち！古い木材のおはなし、生存圏研究所、2023

循環材料創成研究室　松尾　美幸

（現所属：京都大学　大学院農学研究科　生物材料設計学研究室）

木から森を見て、楽器の音色を未来につなぐ

楽器は木でできている

　ピアノは木でできている、ということを知っていましたか。学校の音楽室などで誰もが一度は目にしたことのあるピアノは、音が鳴る響板、鍵盤（白鍵と黒鍵）、脚部や胴体、アクション（**写真1**）と呼ばれる内部の小部品まで、多くの木材が使われています。響板にスプルースと呼ばれるトウヒ属の針葉

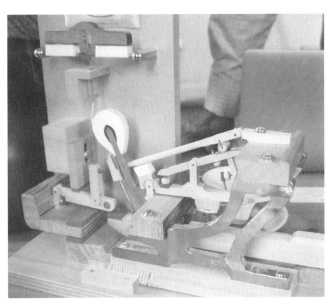

写真1　ピアノのアクション機構

樹が使われているほか、エボニー（黒檀）、メープル（カエデ）、ブナ、カバなどの多くの広葉樹が使われます。オーケストラの楽器もほとんどが木でつくられており、オーケストラで最も数が多いバイオリンにはスプルース、黒檀、メープルなどが使われています。木管楽器と呼ばれるクラリネット、オーボエも木でつくられています（同じ木管楽器のフルートは金属製）。ベートーベンやモーツァルトなど、数々の有名な作曲家が残したオーケストラで奏でられる音楽は、木が奏でる音楽といえるでしょう。楽器には、東南アジアや北アメリカ、ヨーロッパなど世界中から集められた約 70 種類の木材が使われています。2022 年時点で、地球上に約 7 万種の樹木種が存在する[1]といわれていますから、そのうち 70 種というと少ないように思われますが、普段の生活で 70 種類の木を見つけるのは至難の業ではないでしょうか。

　なぜ、こんなにたくさんの木を組み合わせて楽器をつくっているのでしょうか。それは、木それぞれの特徴に合わせて適材適所の使い方をしているからです。バイオリンに着目すると、胴部の表板にスプルース、4 本の弦を支える駒、裏板と側板にメープルの板が使われています。バイオリンは、弓で弦を擦ることで生じた弦の振動が駒、表板に伝わり、胴部の空洞が共鳴することで音が出ます。つまり、表板の振動が、バイオリン特有の豊かな音色や繊細な表現力を引き出すのに重要なのです。ギターやピアノも同様です。弦が振動し、その振動が伝わって共鳴して発音する楽器の弦との接合部分には、軽くて振動を伝えやすいスプルースが使われます。一方、強度や意匠性を担保したい部分には、メープルやカバ、ブナなどの広葉樹が使われます。

音楽の発展と大航海時代

　音楽と楽器の歴史を少しだけ紐解いてみると、歴史の流れとともに楽器の構成が変わってきたことがわかります。15 〜 17 世紀の大航海時代から、ポルトガルやスペインといったヨーロッパの列強諸国がアフリカ大陸、アメリカ大陸、インド、そして東南アジアへと海外進出を始めました。この時代に、各大陸で発見された様々なものがヨーロッパに持ち帰られ、交易が盛ん

に行われました。木も例外ではありません。バイオリンの指板に使われる黒くて重い黒檀（*Diospyros ebenum*）、同じくバイオリンの弓に使うフェルナンブコ（*Paubrasilia echinata*）など、インドやアフリカ、そして南米大陸などから多くの木がヨーロッパに運ばれ、楽器の材料になっていきました。

　クラリネットやオーボエに使われるアフリカン・ブラックウッド（*Dalbergia melanoxylon*）も、アフリカからヨーロッパに渡った木の1つです。楽器業界では、「グラナディラ」と呼ばれるアフリカン・ブラックウッドは、重硬で黒紫色の木材です。東アフリカのタンザニアやモザンビークを中心に、サハラ砂漠以南のアフリカ大陸（サブサハラ）に分布するマメ科の樹木です。1650年頃にフランスでオーボエ、1700年頃にドイツでクラリネットが発明され、その後19世紀前半頃まで、これらの楽器にはボックスウッド（*Buxus sempervirens*）というツゲの一種が使われていました。ヨーロッパ付近で自生する種のなかでは最も重い木に分類されるボックスウッドですが、元来それほど大きく育つ木ではなく、楽器には使いにくかったようです。19世紀以降、アフリカン・ブラックウッドが管体材料に使われるようになり、現代のような黒色の楽器へと変わっていきました。アフリカン・ブラックウッドの主産地であるタンザニアは、15世紀頃からポルトガル、19世紀にはドイツの植民地（東アフリカドイツ領タンガニーカ）となった歴史があり、これらの歴史と木の使い方は深く関係していると考えられます。

木の音の心地良さの秘密

　木と金属の音を聴き比べてみると、音の鳴り方と響き方が違っていることに気づきます。金属の音が「キーン」「カーン」という音であるのに対して、木の音は金属よりも低い音が鳴り、「コン」「ポン」という温かみのあるやさしい音がします。この違いは、木の異方性によるものです。異方性とは、材料の方向によって物理的な特徴が異なるということで、木は代表的な異方性材料といわれます。これに対して、一般的な金属やプラスチックは等方性材料といわれます。樹木は高さ方向（L方向）に向かって繊維を形成し、風雨に

191

も耐えうる強靭な樹幹を形成しますが、L方向以外（断面の半径方向：R方向、断面の接線方向：T方向）は弱く、容易に破壊できてしまいます（図1）。

　木材を振動させると、低音がよく響く一方で、高音が響きにくい傾向にあることがわかります。物体が発する音は、その物体に加えられた外力によって物体が振動し、その振動が空気中を伝わって人間の耳に届きます。物体の振動に着目すると、物体に加えられたエネルギーは物体が振動すると同時に減衰を開始します。この減衰速度が遅いほどよく響く（減衰が小さい）材料と考えます（図2の左）。

　ここで、自宅でできる簡単な実験を紹介します。木材のL方向を長手方向にした直方体を用意し、それぞれ両端からL方向長さの約22％の2つの地点を糸で支えて空中に浮かせた状態にします。その木材の中心部をハンマーで「こつん」と打撃すると、木材の長さ、厚さ、幅に依存して共振した音が出ます（1次モードの共振）（図2の右）。続いて、支点位置を、それぞれ両端から約13％、約9％、約7％、約6％と変え、図2右に示す各振動モードの腹の位置（図2右に示す振動の山の部分を、振動の「腹」と呼びます）に打撃

アフリカン・ブラックウッド

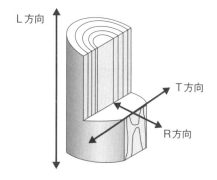

図1　樹木の方向

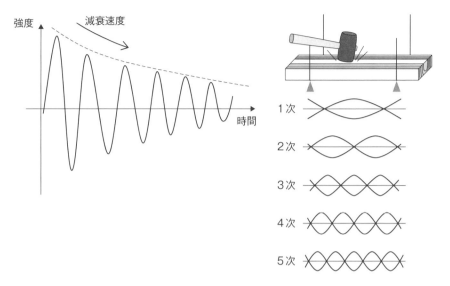

図2　左：振動の減衰　右：振動モード

位置を変えて、2次モード、3次モードと共振周波数を鳴らしていくと、高次モードの音はほとんど響かないことがわかります。同じ寸法の鉄などの金属を用いて同じことを試してみると、金属は1次モードでよく響き、そして高次モードでもその音の響きを聴けるはずです。

　このように、木材は低次モード（低い音）の減衰に対して高次モード（高い音）の減衰が非常に大きくなるのが特徴です。図2の右のように、1次モードと5次モードを比較すると、振動の腹の数が違っています。肉眼では見えませんが、区間内に振動の腹が多いほど音が高くなると考えてください。例えば、1枚の画用紙を手に持ち、1個の腹ができるように曲げるのと、5個の腹ができるように曲げるのを比べると、当然5個の腹をつくる方が大変です。実際に木材では多くの腹をつくるのが難しいので、高次モードでは、R方向とT方向が弱いという異方性を活かして厚さ方向に形をずらして振動します。これを物理用語では「せん断変形」といい、分厚い辞書を「ぐにゃっ」と曲げたときに、それぞれのページが斜めにずれていくのと同じです。このずれによるエネルギーロスが、高次モードの大きな減衰をもたらしているので

す。この結果、木材の音は「温かい」とか「やさしい」音として表現されることが多いのです。一方、金属は、このずれが少なく変形できるのでエネルギーロスが少なく、高い音をよく響かせることができるのです。

世界の森林と食卓、そして楽器の関係

世界の森林は、過去30年間で約1.78億ha（ヘクタール）（日本の国土面積の約5倍）が失われたといわれています。特に近年の農地の拡大が、森林減少と深くかかわりがあると考えられます。現在、世界の人口は80億人を超えているといわれ、最近50年間で約2倍に増加しました。人口が増えて多くの食料が必要になり、農産物の需要が高まって地域の農業は拡大していきます。

アフリカなどの熱帯地域では焼畑農法が広く採用されています。この農法を「移動式農法」と呼び、森林に火入れを行って開墾して作物を栽培し、一定期間栽培した後に別の場所に移動して新たに開墾します。作物栽培に使った土地は休閑期を設けて森林の再生を待ち、移動しながら土地利用を繰り返していきます。焼畑は古くから採用されている伝統的な農法で、限られた土地で森林と農業が共存する持続可能な農法です。焼畑による栽培作物の代表格がゴマです。ゴマは主にアフリカで栽培されて（タンザニア、ナイジェリア、ブルキナファソなど）、世界中に輸出されています。近年ゴマの価格が高騰しており、ゴマの最大生産国であるタンザニアでは、2005年から2020年までの間にゴマの作付面積が5倍に増加しました[2]。農村では、ゴマ以外にもカシューナッツなどいくつかの換金作物が栽培されていますが、特にゴマは利益が高く見込める作物として好んで栽培されています（**写真2**）。

焼畑と聞くと、「森林が燃えてなくなる原因だ」と思われがちですが、実は焼畑で栽培する作物の経済的価値が森林減少の原因といわれます[3]。少し難しい話ですが、農村に住む人々は、利益の高い農産物からより多くの利益を得ようとするために多くの土地を開墾します。農村の人口が増え、1人あたりの土地面積が大きくなると、伝統的な焼畑農法の枠を超えて森林の再生を

写真2　左：タンザニアのゴマ畑　右：村に集められた出荷前のゴマ

待たずにどんどん土地が切り開かれ、森林が農地に切り替わっていくのです。

　タンザニアでのゴマの主要産地であるリンディ州は、アフリカン・ブラックウッドの主要産地でもあります。ゴマの農地を増やすため、アフリカン・ブラックウッドが生息する森林がどんどん切り開かれています。タンザニアでは農地にできる土地と森林を保護・保全する土地を分けていますが、前者の方では土地が不足し、後者を無断で開墾する違法伐採(ばっさい)行為が後をたちません。アフリカン・ブラックウッドは、木管楽器には欠かせない材料です。同時に、タンザニアの森林では唯一の有用資源といえる貴重な木で、地域の森林保全における重要資源としての役割を担っています。ゴマか楽器か、地域の人々にとっては重い課題のように思えます。

持続可能な森林とは

　楽器には多種多様な木が使われ、木特有の音や特徴は昔から人々を魅了し続けています。木は森林で育ち、人の手で伐採、加工されてみなさんの手に製品として届いています。みなさんの日常生活で、身のまわりの木工製品から森林をイメージすることは難しいかもしれません。私自身、大学に入学した当時、たまたま受講した講義で「割り箸(わ　ばし)」が森林保全と関係があるということを初めて知りました。また、アフリカン・ブラックウッドにかかわり、タンザニアに行って、初めてクラリネットとアフリカ、そして地域の人々との

かかわりを知りました。しかし、森林は決して遠い存在ではなく、みなさんの日常の食卓にもつながっているのです。未来に楽器の音を届けること、それは森林を持続可能にしていくことと同義です。

　黒檀やフェルナンブコ、アフリカン・ブラックウッドなど、楽器に使う木は生物多様性に富む熱帯地域のごく一部にしか分布していない木も多く、国際自然保護連合（IUCN）のレッドリストでは、フェルナンブコが EN（絶滅危惧 IB 類）、アフリカン・ブラックウッドが NT（準絶滅危惧種）に分類されています。楽器にしか使われない木も多いのですが、そのような木でも森林を介して地域の人々の便益の一部になっており、木を持続的に使うことは、持続可能な社会を実現する一端を担うのです。持続可能な森林とは何か、木が使えればよいだけなのか、それとも地域の人々と木工製品を使うみなさんが等しく同じ未来を描けることなのか、本項を一読いただいたみなさんが、少しでも地球の未来に思いをはせていただけたのであれば幸いです。

[参考文献]

[1] Gatti, R.C. et al. : The number of tree species on Earth. PNAS 119, 6, e2115329119, 2022

[2] Food and Agriculture Organization of the United Nations (FAO), FAOSTAT, 2023　https://www.fao.org/faostat/en/#data

[3] Angelsen, A. and Kaimowitz, D. : Rethinking the causes of deforestation : Lessons from economic models. The World Bank Research Observer 14 : 73-98, 1999

生存圏未来開拓研究室　仲井　一志

おわりに

ミライを拓くサステナビリティ学

　私たちの生存圏である地球を１つの生命体として考える「ガイア理論」とい
う仮説があったのをご存じでしょうか。地球上の森や海や大気や動物や人間、
すべてのものは地球という生命体を構成する一部であり、自身の生存に適し
た環境を維持するための自己制御システムをつくり上げているとする考え方
です。もちろん、この理論は科学的に受け入れられているものではないので
すが、少なくとも森と海と大気は密接に関係していることは間違いないです
し、地球環境は太陽系の一部として宇宙環境と関係していることもわかって
います。問題は人間という特殊な生物の出現と爆発的な増加により、「ガイア」
＝地球の「生存に適した環境を維持するための自己制御システム」が破綻しか
けていることです。しかし、人間が地球の寄生獣で、本体である地球が死に
そうだとしても、地球のために人間がいなくなってしまえばいいというのは
目指すべき方向とは違います。

　人間は、大きいことを考えると、小さなことが見えなくなる特性を持って
います。19世紀のロシアの大文豪ドストエフスキーも、「我々は人類のこと
を考えると個人の幸せは気にならなくなる」と指摘しています。これが進む
と、映画『アベンジャーズ』の最後の敵サノスのように、宇宙の全人類を半分
に減らすことが全宇宙のためである、という悪人の論理になってしまいます。
いま流行りの人工知能（AI）に地球環境問題の解決方法を聞くと、「人類を減
らすべき」と答える事例があるそうです。この回答は私たちから見れば何と
もおそろしいですね。地球も、人間も、双方が幸せになれる方策を考えるべ
きなのです。

　一般に、サステナビリティには経済発展、社会開発、環境保護の３つの柱
があるといわれていますが、ややもすれば環境保護のイメージが勝手に独り
歩きしがちであるように思います。しかしながら、環境保護のために人間や
経済発展をないがしろにするのは本末転倒ですし、例えば、エネルギー効率
の良い家電製品の開発やエコバッグの推進などに代表されるような、適切な

197

技術開発や社会のコンセンサスを礎とした経済発展や社会開発なしには、環境保護はできないといえるでしょう。この点を強調するために、サステナビリティの対訳として「持続的発展可能性」という言葉が使われていることも多いようです。持続させるためには発展も必要であるということです。ただし、科学技術一辺倒だと科学の暴走を招きかねず、近年は科学の暴走に対する漠然とした不安の声も聞かれるようになっているように感じます。一般市民の意識醸成や協働は、サステナビリティの推進を担う不可欠な要素なのです。人間のためだけではない、地球のためだけでもない、双方が幸せになれるミライのために、「生存圏科学」が存在しています。

　本書で紹介する「サステナビリティのための科学技術＝生存圏科学の重要性」は、読者のみなさんに伝わりましたでしょうか。

　人類のために宇宙移民まで想定した宇宙太陽発電や新しい材料開発に取り組みつつ、古文書に載っているオーロラの記録をスーパーコンピュータで正確に再現することで将来の宇宙環境の変動に備える

　植物を対象にした新しい研究は、微生物のパワーを借りる次世代の農業や創薬への応用、環境負荷の少ないミライの自動車の開発へと拡大させる

　世界最先端のレーダー技術で天気予報の高精度化に貢献しつつ、土のなかの微生物の役割や私たちの食生活に着目することで環境汚染や地球温暖化対策について考えてみる

　天然素材である木材の性質を精密に調べて、伝統的な文化財や楽器の保存と継承に活かすとともに、地震に強い家づくりに役立てていく

　これらは一見バラバラに見えてしまう研究課題ですが、地球規模の視点を持ちつつ個人の幸福も考えるということを、京都大学生存圏研究所では大切にしています。

　そもそも人間と科学は切り離して考えることができないのだと思います。古い時代のことになりますが、人間を「裸の猿＝毛が生えていない幼児期のまま成長した猿が人間である」ととらえる学説がありました。生物学的点だ

と私たちは確かに裸の猿なのでしょう。その結果、裸の猿が生き残るために知性が発達し、科学技術を駆使することで毛も牙もない人間が生き残れたのだと思います。この説には異論も多いですが、知性とその産物である科学技術と人間は一体であると考えると、生物としての人間の特殊性は理解しやすい気がします。そうなると、科学の暴走に目がいってたどり着く科学不要論は、人間そのものの否定になってしまう懸念があります。地球上で、ある意味で「勝ち組」の生物ともいえるような存在となった人間には、環境に適応するための生物的な進化は、これ以上期待できないという可能性もあります。生物としての進化が環境に適応しようとした結果であるとするならば、環境への適応を科学で何とかしてしまった人間は、もう生物学的には成長できないように思えてしまうのです。

　人間が今後生き残っていくためには、科学を不要とするのではなく、いにしえからの知恵を紐解きつつ、人間を含めた地球環境のため科学技術を発展・活用することが大切ではないでしょうか。ミライを拓くサステナビリティ学とは、人間を含めたすべてが幸せになるためにあるものであり、人類の幸福と個人の幸福を両立すべきものと考えます。

　人類が希求する、あるいは希求すべきミライは、何兆円もかかるような革新的なビッグサイエンスのみによって一気に拓かれるものではないでしょう。本書で紹介したように、既存の様々な研究分野が互いに連携し、そのうえに新しい概念を組み立てていく活動がサステナビリティを科学することの根幹であり、多岐にわたる研究成果のどれもが人類が進むべきミライへの道筋を示す大切な道しるべとなりうるものであると考えています。現在進行形で進展を続ける生存圏科学が、科学的生物である人間の本質に沿った「ミライを拓くサステナビリティ学」として、今後ますます社会に貢献していけるよう教員も研究員も学生も一丸となって研究に取り組んでいきたいと思います。

篠原　真毅

イラスト　沖 やすみ

- 本書の内容に関する質問は、オーム社ホームページの「サポート」から、「お問合せ」の「書籍に関するお問合せ」をご参照いただくか、または書状にてオーム社編集局宛にお願いします。お受けできる質問は本書で紹介した内容に限らせていただきます。なお、電話での質問にはお答えできませんので、あらかじめご了承ください。
- 万一、落丁・乱丁の場合は、送料当社負担でお取替えいたします。当社販売課宛にお送りください。
- 本書の一部の複写複製を希望される場合は、本書扉裏を参照してください。

[JCOPY] ＜出版者著作権管理機構 委託出版物＞

京大研究でわかるサステナビリティ

2025 年 4 月 2 日　第 1 版第 1 刷発行

著　　者　京都大学 生存圏研究所
発 行 者　髙田　光明
発 行 所　株式会社 オーム社
　　　　　郵便番号　101-8460
　　　　　東京都千代田区神田錦町 3-1
　　　　　電話　03(3233)0641(代表)
　　　　　URL　https://www.ohmsha.co.jp/

© 京都大学 生存圏研究所 2025

組版　アトリエ渋谷　　印刷・製本　壮光舎印刷
ISBN978-4-274-23347-0　Printed in Japan

本書の感想募集　https://www.ohmsha.co.jp/kansou/
本書をお読みになった感想を上記サイトまでお寄せください。
お寄せいただいた方には、抽選でプレゼントを差し上げます。